艺术与设计系列

概论 环境艺术设计（第二版）

INTRODUCTION
TO ENVIRONMENTAL ART DESIGN

刘岚 王志鸿 编著

中国电力出版社

内 容 提 要

本书对环境艺术设计的定义、现状和发展前景进行了细致描述，通过清晰的图表、插画、图解、引文等方式来讲解。全书共分八章，包括环境艺术设计定义与概念、环境艺术设计的历史与发展、环境艺术设计理论与设计原则、环境艺术设计实践、环境空间设计、人体工程学、心理学与环境设计、环境艺术设计技术、环境艺术设计案例赏析。书中穿插国内外知名环境艺术设计案例，并进行专业性点评。第二版修订了部分知识点，每章增加了知识点思维导图与课后练习等。本书适合作为普通高等院校环境艺术设计专业教材，也适合相关行业人员参考使用。

图书在版编目（CIP）数据

环境艺术设计概论 / 刘岚，王志鸿编著. -- 2 版.

北京：中国电力出版社，2025.5. --（艺术与设计系列）. -- ISBN 978-7-5198-9879-3

Ⅰ. TU-856

中国国家版本馆 CIP 数据核字第 2025QG6775 号

出版发行：中国电力出版社
地　　址：北京市东城区北京站西街19号（邮政编码100005）
网　　址：http://www.cepp.sgcc.com.cn
责任编辑：王　倩（010-63412607）
责任校对：黄　蓓　朱丽芳
装帧设计：张俊霞
责任印制：杨晓东

印　　刷：北京瑞禾彩色印刷有限公司
版　　次：2020年1月第一版　2025年5月第二版
印　　次：2025年5月北京第一次印刷
开　　本：889毫米×1194毫米　16开本
印　　张：8.5
字　　数：373千字
定　　价：59.80元

前 言
PREFACE

环境艺术设计是一门不断更新的学科,设计师将现代设计技术与方法不断引入设计中,利用数字化、智能化、虚拟现实、3D打印、全息投影等科技手段,尝试新的设计风格,使其不仅满足装饰需求,而且以人为本,注重人在生产、生活中的重要地位。

近年来,众多高等院校纷纷开设环境艺术设计相关课程,以应对环境艺术设计学科的蓬勃发展。尽管我国在环境艺术实践方面已有丰富的经验积累,但作为一个独立学科,环境艺术设计仍缺乏权威的行业标准与规范,学科理论基础建设有待提升,目前正处于一种"有行无思"和"有行无业"的半成熟状态。

与此同时,诸如"可持续发展""以人为本""历史传承"等关键问题,在环境艺术领域尚未得到有效解决,这些问题成为制约其发展的瓶颈。环境艺术设计正面临新时代的挑战,即进行"自身的革命"。社会结构和技术的深刻变革,促使人们的思维方式和实践方法发生转变,而环境艺术设计则是在工业文明背景下建筑学、美学、技术与艺术、产业与文化的高度融合。

当前,环境与人的互动日益密切,人创造环境,环境亦影响人的行为。以人为本的理念已经成为环境艺术设计领域的核心价值和审美准则。设计师需深入理解时代的美学特征和文化趋势,全面把握人类社会才能巧妙运用富含文化内涵的艺术处理方法,同时尊重环境和客观规律,关注与人类相关的各种因素。

本书第二版修订了全书各章节知识点的表述方式,突出知识点的实践性,旨在系统阐述环境艺术设计的基础理论和专业技能。每章增加了思维导图与课后练习题,着重培养设计师的职业素养和思维创新能力。同时,将产学研融为一体,对环境艺术设计的理论与实践、历史与发展、理论原则、空间设计、人体工程学、环境设计心理学、设计技术等方面进行了全面而深入的解析,并增加了环境艺术人工智能技术,以符合当下的需求。

本书配有课件文件,可联系出版社获取(邮箱:493056590@qq.com)。

编者

2025年3月

目录

CONTENTS

重点内容思维导图

环境空间设计
- 环境空间类型
- 空间设计原则
- 空间组合设计
- 案例解析：空间设计案例分析

人体工程学、心理学与环境设计
- 人体工程学概念
- 人体工程学与环境艺术设计
- 心理学与环境空间应用
- 案例解析：景观设计心理学分析

环境艺术设计技术
- 设计技术种类
- 装饰材料选用
- 生产与施工技术
- 设计与施工管理
- 注入智能技术
- 案例解析：室内设计材料分析

环境艺术设计案例赏析
- 室内环境设计案例
- 室外环境设计案例
- 建筑环境设计案例

环境艺术设计概论

环境艺术设计
- 设计是什么
- 环境艺术设计概述
- 环境艺术设计的属性与特征
- 环境艺术设计教育
- 案例解析：环境艺术设计的个性化解析

环境艺术设计的历史与发展
- 环境艺术设计的起源
- 国内环境艺术设计
- 国外环境艺术设计
- 案例解析：中国传统生态环境保护理念

环境艺术设计理论与设计原则
- 环境艺术设计理论基础
- 环境艺术设计形态要素
- 环境艺术设计形式法则
- 环境艺术设计原则
- 案例解析：环境艺术设计色彩分析

环境艺术设计实践
- 环境艺术设计事务
- 环境艺术设计创作特征
- 环境艺术设计师的现状与职业素养
- 环境艺术设计评估标准
- 案例解析：环境艺术设计美学特征分析

第一章

环境艺术设计定义与概念

识读难度 ★☆☆☆☆

重点概念 环境艺术设计、概念、属性与特征、教学与案例

章节导读 环境艺术设计是与人们关系最密切、接触最广泛、影响最深远的一门艺术学科，也是一门新兴的艺术设计门类。其涉猎的专业十分广泛，其中有建筑设计、室内设计、景观设计、公共艺术设计等学科。其主要研究对象是与人们的日常活动最为密切相关的室内外空间。环境艺术设计讲究"艺术"与"功能"的有机结合（图1-1），即设计作品要兼具审美价值与附加价值。正是由于其艺术性与功能性，环境艺术设计不仅需要遵循美学艺术原理，还需要运用物质技术手段。

图1-1 印度泰姬陵

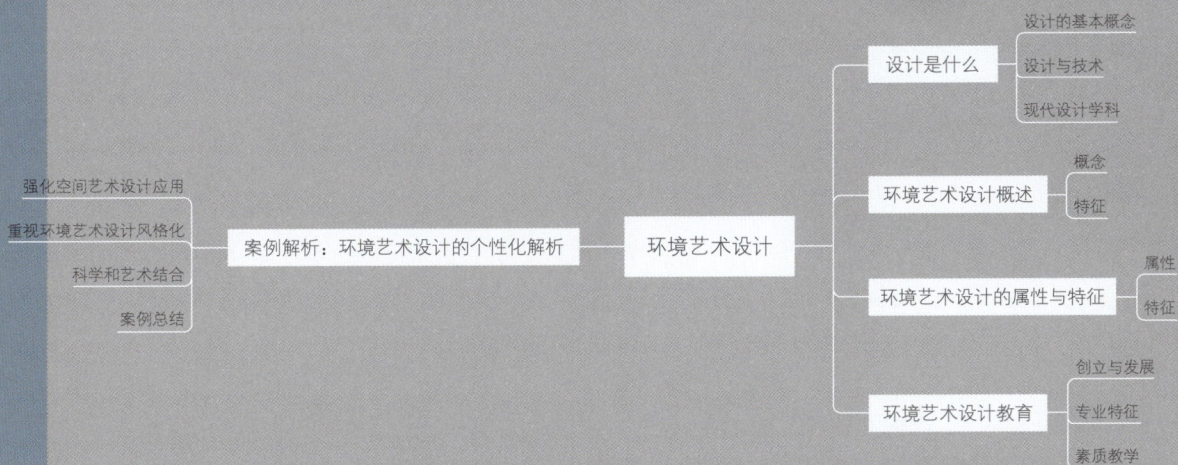

环境艺术设计

- 设计是什么
  - 设计的基本概念
  - 设计与技术
  - 现代设计学科
- 环境艺术设计概述
  - 概念
  - 特征
- 环境艺术设计的属性与特征
  - 属性
  - 特征
- 环境艺术设计教育
  - 创立与发展
  - 专业特征
  - 素质教学

案例解析：环境艺术设计的个性化解析

- 强化空间艺术设计应用
- 重视环境艺术设计风格化
- 科学和艺术结合
- 案例总结

第一节 设计是什么

一、设计的基本概念

环境艺术设计也是"设计"的一部分，"设计"所涉及的方向及行业十分广泛。它与我们的生活息息相关，小到生活中各式各样的包装设计，大到景观整体设计，都离不开"设计"这一基本概念。

就"设计"二字的字面意义来看，其具有"设想""计划""策划"的意思。实际上，对环境艺术设计领域而言，设计是指设计师对项目进行构想及策划，然后将所设想的概念、观念、问题的解决方法具象化，通过具体的视觉方式传达出来的程序，这种传达方式、步骤即为设计。

设计是对将要实施的项目预先进行计划，我们也可以将实施项目的计划技术与计划过程理解为设计。设计的核心内容包含以下三个阶段。

第一个阶段：初步构思、设想形成设计的雏形；

第二个阶段：通过各种视觉方式直观传达设计构思；

第三个阶段：传达后，设计的运用、实践与施工。

毕加索认为：绘画本质上是减法的艺术。环境艺术设计也是如此，在设计的初步阶段，设计师可能会遭遇各种棘手问题，对这些问题进行权衡与评估，进而剔除冗余，简化处理，这一过程极为艰难，然而它又会给设计之旅带来难以言表的喜悦。实际上，设计的优劣并非仅仅取决于其表象，关键在于设计本身的品质。设计师在创作的过程中，需要不断删减，从繁杂中提炼出精髓。这一过程不仅涉及对元素的精简，还关乎对设计理念的深度挖掘。

我们周围的一切都是设计，设计的决策几乎影响着我们生活的每一个部分，如服装（图1-2）、食品包装盒（图1-3）、家具（图1-4）、交通工具（图1-5）等。这些生活中看似理所当然的设计有一个共同的特点，那就是它们都被我们"理所当然"地使用着。显而易见，所有的设计都因我们的生活需求而诞生，其源于生活，而又高于生活。

服装设计和我们的生活息息相关。图中是服装秀，模特穿上最新季的服装，走上T台，向人们展示当季最流行的款式。

图1-2 服装设计

图1-3 食品包装盒设计

食品包装袋、食品包装盒等都是用来装盛食品的，它们同时具备功能和装饰作用，吸引消费者购买。

图1-4 家具设计

家具设计不仅有桌椅，还有沙发、衣柜、床等家居空间陈设设计。

图1-5 交通工具设计

衣食住行，这里的"行"即出行的交通工具，如高铁、电车、汽车、公交车等。

交通工具的多样化离不开科技的发展，其中还有技术人员的辛苦研究开发。

图1-6 砍砸器（磨制石器）

这里是一个表面磨光的石斧。

图1-7 打制石器

原始人类从坚硬的石块上，用其他石块打下的石片或石核。

★补充要点

设计学

设计学作为一门学科，其根源深植于人类文明的实践活动之中。设计本身是一种富有创造性的实践行为，而设计理论则是对这一行为进行的理性分析与思考。该学科在两个基本条件的作用下形成。

首先是设计作品的诞生。设计与人类文明的发展息息相关，例如，在非洲坦桑尼亚的奥杜威峡谷，考古学家发现了约180万年前的砾石工具，包括砍砸器（图1-6）、盘状器等。中国重庆亚山龙骨坡遗址也出土了古老的打制石器，可视作早期设计作品的代表（图1-7）。

其次是设计理论的逐步形成。中国古代的《考工记》以及古罗马老普林尼的《博物志》被视为早期对设计经验的总结，标志着设计理论初步萌芽。然而，设计学作为一门独立学科的建立，却是在20世纪以后。1969年，美国学者赫伯特·西蒙教授将其作为一门学科并正式提出。设计理论是在设计作品的基础上产生的，它为设计学科的建立提供了理论基础，可以说，设计学是设计理论的系统化和科学化。

二、设计与技术

设计是设计师依靠现实的材料和工具，通过深刻的思索、丰富的想象和艺术直觉而进行的创造，无论哪个时代的设计都离不开当时的技术支撑，技术对于设计创造有着直接的影响。

1. 设计与技术是从属关系

在生产力的构成中，技术作为一个基本要素，深深地融入其他各个要素之中。技术的演变不可避免地带动其他要素的同步变化，进而引发生产力整体的转型升级，促进生产力水平的提升。在特定历史时期，设计和技术是人类为了适应生存目标、环境、活动以及条件而形成的协调产物。这一理念不仅体现在生产力的提升上，也彰显了人类对和谐生存状态的不懈追求（图1-8）。

（a）鸟瞰图

（b）实景图

图1-8 某处温泉方案设计

（a）鸟瞰图采用三维软件建模后渲染输出，将设计思维与三维建模技术融合，具有较真实的视觉效果。

（b）设计与技术相辅相成，设计的理论依据是技术，设计方案最终的实践、施工也需要依靠技术来维系，才能将设计图稿转换为实景。

| （a）古典风格楼梯 | （b）现代风格楼梯 | （c）极简风格楼梯 |

图1-9 楼梯设计

环境空间中的楼梯不仅起到通行作用，还能营造空间风格。古典风格楼梯采用木质扶手，与周边家具、陈设风格形成呼应。现代风格楼梯以几何造型为主，深色栏板扶手，与白色墙面形成较大反差。极简风格楼梯除了栏板扶手的造型更加精炼，还涂装高纯度黄色，表现潮流、异样的环境氛围。

设计和技术始终交织在一起，并总是受到生产技术发展的影响。例如轮子的发明促进了交通工具的发展；计算机技术在设计中的运用，不仅为设计的多元化发展提供了技术基础，而且为开拓、创造更多新的表现手法、形式提供了技术手段。

2. 设计不同于技术

现代技术领域主要致力于处理人与人造实体间相互联系的问题。技术制成品旨在满足现实生活的具体需求，其本质在于为人提供服务。这类产品的价值与意义取决于预设的目标，而其功能的有效性则成为衡量其存在价值的关键指标。与此相对，设计领域关注的则是人造物品与人之间的互动关系，其核心在于构建人与物之间的互动桥梁。以楼梯设计为例，技术人员可能仅关注楼梯的占地面积，并精确计算台阶数量。但设计师在考虑楼梯功能的同时，还需重视楼梯的设计风格与饰面材料（图1-9）。

设计不仅是物质层面的构建，也是精神世界的塑造。在现代社会，无论是居住环境、物质条件还是生活方式，每一处细节都离不开设计的精心打磨。设计融合了物质与精神的双重属性，与现代科技结合，奠定了现代设计理念的基础。它依托科学技术，采用艺术化的手段，创造出既实用又具有审美价值的物品，服务于人类环境生活。

三、现代设计学科

设计是人类认识世界、改造世界的活动。设计的历史久远，发展历经原始设计、手工设计、现代设计三个阶段。以社会发展为背景，从原始设计到手工设计，再到现代设计，实现了设计史上一次次质的飞跃。

当今社会，设计覆盖了各行各业，按照设计领域来划分，主要有视觉传达、产品设计、环境艺术设计三大类型。根据行业性质又可细分为工业设计、环境艺术设计、建筑设计、室内设计、服装设计、平面设计、影视动画设计等类别（图1-10、表1-1）。

（a）根据行业性质划分　　　　　　　　　　　　　　（b）按设计领域划分

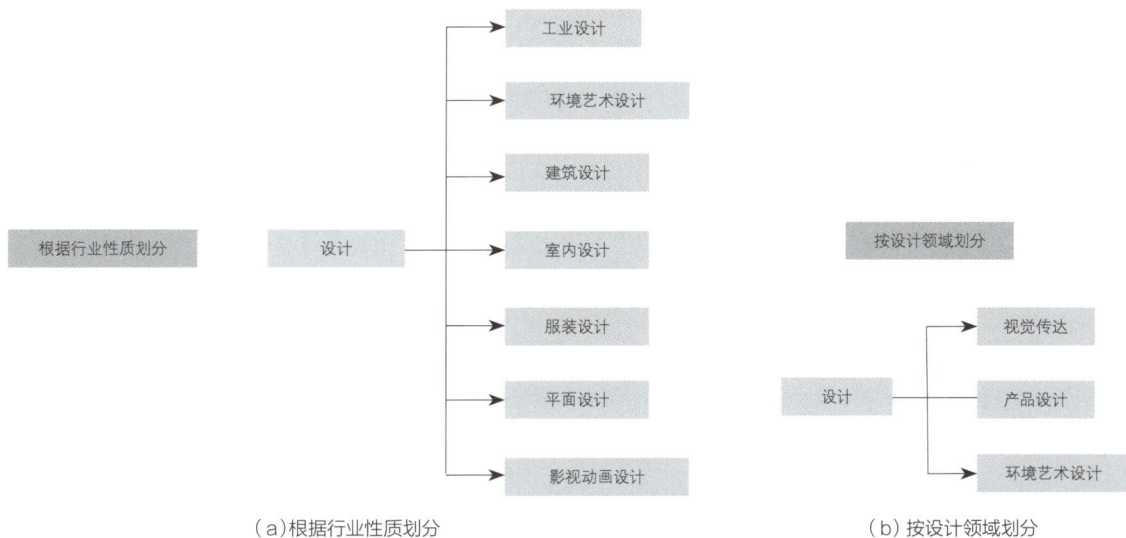

图1-10 设计的划分

表1-1　　　　　　　　　　　　按设计领域划分设计

设计的形式	概念、定义	应用范围	设计产品图
工业设计	是指在工学、美学、经济学基础上对工业产品进行的设计	主要应用于交通工具、设备仪器、家电、生活用品、家具、玩具、服务等行业产品的外形设计	
环境艺术设计	在建筑学基础上融合多种设计理念，特别强调对建筑内外环境艺术氛围的精心塑造。通过对规划细节的精确实施与持续优化，实现局部与整体结构之间的协调性。研究如何将不同设计元素综合运用于建筑实践中，以营造独特的艺术气息	主要应用于室内装饰设计、家具设计、展示设计、建筑外观装饰设计、景观设计等	
建筑设计	设计建筑物或建筑群的全流程，通过对审美素养的培养与熏陶，实现艺术与技术的完美融合。不断调整和优化设计方案，以确保建筑物的价值与使用价值相得益彰	主要应用于室内外建筑设计、建筑工程制图、虚拟现实制作、建筑模型制作等	
服装设计	服装款式的设计工作，涉及一系列过程。首先需根据设计对象的具体需求进行构思，绘制出详尽的效果图和平面图。依据这些图形资料进行制作，通过一系列工艺操作，将设计意图实体化，最终完成整个设计	主要应用于服装设计、服装生产工艺设计、服装打板、服装推板、服装生产工艺单编写、样衣制作、服装生产管理等	

设计的形式	概念、定义	应用范围	设计产品图
平面设计	是将个人的思想以图片的形式予以升华再造，从而传达出来的过程	主要应用于网页设计、包装设计、广告设计、海报设计、样本设计、书籍设计、刊物设计、VI设计等	
影视动画设计	将剧本中的故事情节转化为直观的视觉形象，即影视故事的视觉再现，是整个影视制作体系中的关键组成部分	影视后期、影视美术、广告制作、游戏开发等	

第二节 环境艺术设计概述

一、概念

环境艺术设计的核心在于对人类生存空间的审美优化，涉及自然、人造以及社会各类环境下对美的塑造，旨在实现人类与之互动的环境最优化。该领域通过多样的艺术手段，如建筑、绘画、雕塑以及其他视觉艺术的综合应用与再创造，构筑出能够提供审美愉悦感的空间环境。环境艺术设计的研究领域包含建筑空间环境、视觉环境、生态环境等物理环境，涉及建筑学、人体工程学、环境心理学、物理学、城市规划等多门学科的专业（图1-11）。

遵循科学、技术与艺术结合的原则，环境艺术设计应体现出人们对美的事物的追求心理和文化趣味，将现代科学技术成果融于构筑理想的环境之中。科学技术与艺术在环境艺术设计中既互相制约，又互相促进。环境中的各种艺术和非艺术的形象和造型，都是以实体形态呈现的

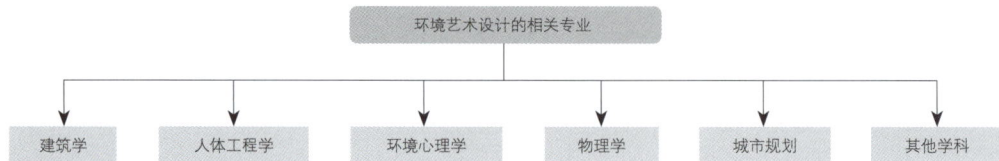

图1-11 环境艺术设计的相关专业

图1-12 积木咖啡馆（日本著名建筑师隈研吾设计）

建筑采用独特的非艺术物质材料（积木），使用积木堆叠法建造而成，精巧的咖啡馆却创造出了如匆匆树林般的有机整体感。

图1-13 张掖城市湿地博物馆设计

与人们在郊外看到的山清水秀的自然景观不同，城市里的景观设计保留了人工开凿的痕迹，但又多了一份对自然景观的刻意模仿，主要是提供满足人们生活和娱乐的场所、场地。

图1-14 丽江瑞吉别墅样板房设计（中国香港著名室内设计师高文安设计）

别墅毗邻象山，直面玉龙雪山，大研古镇与束河古镇左右环伺，房间内传统与自然交相辉映。

（图1-12）。物质材料的造型或者材料本身的实现往往离不开科学理论和技术手段的支持。

在《现代设计大系：环境艺术设计》一书中，吴家骅教授对环境艺术设计的基本问题进行了阐述。他认为，该领域的主要任务可以简洁地概括为：以建筑物等空间界定元素作为"界面"，从界面内外空间关系的理解出发，旨在构建并提升人类居住环境。这一观点明确指出，环境艺术设计的核心在于室内外空间的设计，这些空间与人类日常生活息息相关。

空间设计主要以建筑和室内为代表。其中以建筑、雕塑、绿化等诸要素进行的空间艺术设计，被称作景观设计，也就是室外设计（图1-13）；以室内、家具、陈设等诸要素进行的空间艺术设计，被称作室内设计（图1-14）。

二、特征

环境艺术设计的目的是为人们的生活、工作和社会活动提供一个合情、合理、美观、有效的空间场所。除却必要的使用功能，还兼具信息传递、审美欣赏、历史文化等功能。总的来说，环境艺术设计具有以下特征。

1. 具有功能与审美观赏的实用艺术

环境艺术设计的核心在于最大限度地满足各类使用者的多样化需求，不仅涵盖了娱乐、休憩、办公、居住等基础物质功能，还能够满足安全感、社交互动等深层次的心理需求。设计者应当全面考量环境构成要素及其相互作用，以打造独特的氛围与主题，从而唤醒人们的感官体验，使其全身心地投入审美活动中。

2. 具有多学科互助、并存的系统艺术

环境学、城市规划、建筑学、美学、人体工程学、心理学、艺术学等多个学科领域，它们一起构成一个完整的体系。其中在环境艺术设计的范畴内，又分为室内外空间、城市、建筑园林、公共设施等多个门类。

3. 具有生态学特征的"时间"艺术

设计活动是一个持续的、动态演化的过程，而非传统、静态、剧烈的。这一过程强调对历史传统的尊重，同时注重对未来的展望，旨在确保设计领域内的各个独立元素与整体之间，在时间和空间维度上维持一种连贯性与协调性，是一种对历史与未来双重关照的渐进式发展。

第三节　环境艺术设计的属性与特征

人类生存的环境分为自然环境和人工环境。自然环境指的是自然界中原有的山川、河流、地形、地貌、植被，以及一切生物所构成的地域空间（图1-15）；而人工环境指的是由人类改造自然界而形成的地域空间，如城市、乡村、建筑、道路、桥梁等（图1-16）。当城市发展达到一定规模时，自然环境惨遭破坏，人们越来越意识到有限的自然回馈在日益减少，也因此人们对于人工环境的改造需求在不断提高，同时也给设计师们带来了机遇和挑战。

图1-15 自然环境

这是一处位于新疆伊犁巩留县境内的自然风景区，原始的河流川流不息，山峦此起彼伏，自然的地貌一览无余。

图1-16 人工环境

远观黄绿成片的是种植的庄稼，人们将这片原本荒芜的土地改造成适宜人类生存、居住的环境。

图1-15 | 图1-16

一、属性

1. 人本主义属性

环境艺术设计的核心在于通过对室内外空间环境的设计来提升人们的生活品质。设计理念的出发点是人，始终将人类的使用和精神需求置于设计的核心位置。为实现这一目标，设计师必须具备包括人体工程学、环境心理学及审美心理学在内的多元化知识体系。通过对人类生理特征、行为心理及视觉感知的深入研究，设计师能够科学地把握这些因素如何影响室内外环境，进而创造出符合多种需求的设计方案。

1943年，作为人本主义心理学代表人物的美国心理学家马斯洛提出了划时代的"需求层次"理论。他认为，人类的需求按照由低级到高级的顺序排列，具体包括生理需求、安全需求、社交需求、自尊需求和自我实现需求（表1-2）。

其中生理需求是人类最基本的需求和欲望，每当某种需求得到满足时，另一种需求就会取而代之。对应的，室内外空间环境与这五种需求关系密切，如生理需求——空间环境的微气候条件安全需求；安全需求——设施安全、可识别性等；社交需要——空间环境的公共性；自尊需求——空间的层次性；自我实现需求——环境的文化品位、艺术特色和公众参与。

表1-2　　　　　　　　　　行为理论：人的基本需求

心理	人的基本需要	心理需求综合分析
安全	生理需求	性满足、敌视情绪的表达、爱意的表达、获得他人的关爱、依赖、尊敬、权势
	安全需求	获得社会的认可、个人社会地位的认可、避免伤害
认同	社交需要	作为群体的一员的保证和支持、教养、地位、威信、防卫、攻击
	自尊需求	自尊、理解、拒绝、谦卑
	自我实现需求	物质保证性、需求、人的价值观与自我实现

2. 生态环境属性

在现代环境艺术设计领域，应坚持以人为本的原则，要求设计师在规划过程中，综合考虑环境保护、地域文化特色以及历史文化遗产等诸多元素，以实现可持续发展的长远目标。

设计活动的本质是为了优化人类生活品质，设计的终极目的是促进人类生活的显著改善，而不仅仅是对空间的简单装饰。环境艺术设计逐步演变为一种肩负着推动人类社会持续进步重任的战略性规划活动。对该学科而言，生态环境的保护以及环境的可持续性发展已经成为其研究的核心议题。

环境艺术设计领域处于一种持续动态变化的状态中。人类社会的持续进步和发展及其不断演化的本质，意味着这一领域不可能停滞不前。这种不断进化的特性，对设计师提出了特殊的要求：在开展规划设计之前，必须对环境的潜在未来进行科学的预测，考虑到各种可能性和设计的灵活性，以确保城市环境的历史文化特征尽可能的得以保留。

人类与其他生物之间存在着密不可分的联系，其生存直接依赖于地球及其资源。如果继续以不计后果的方式利用、改造或开发有限的资源，最终会导致这些资源的枯竭或功能丧失，从而危及人类自身的存在。在空间规划设计的实践中，环境艺术设计的生态特征要求设计师必须深入考虑设计的正面与负面影响，应当尊重并顺应环境的生态属性，在追求创新设计的同时，也承担起保护生态环境的责任。例如，西雅图煤气厂公园（图1-17）、纽约中央公园（图1-18）、上海后滩公园（图1-19）等生态景观设计项目，便是这种理念的具体体现。

3. 文化属性

人类通过不断的社会实践活动创造了文化。受环境的历史性与地域性的影响，文化的内涵极为复杂，包括艺术、道德、习俗、宗教信仰等。文化博大精深、包罗万象，凝聚了人类从古到今所有的知识积累，其中也包括环境的设计与发展。

环境艺术的背景是人们所熟知的社会。一方面人创造了社会，另一方面社会又促成了人们的基本思想意识观念，而不同的社会环境又形成了人不同的基本思想意识观念，其中，包含了环境文化意识的观念。这也就是一直存在于环境艺术设计中的文化属性。其中社会环境包括社

图1-17 西雅图煤气厂公园

图1-18 纽约中央公园

中央公园是纽约市民的休闲地，更是世界旅游胜地。它被称作纽约的"后花园"，坐落在摩天大楼耸立的曼哈顿正中，是一块完全人造的自然景观。

图1-19 上海后滩公园

上海后滩公园位于世博园区西南角，黄浦江东岸与浦明路之间，建造在原工业场址上，是典型的工业棕地。设计师主要进行了湿地和再生设计、保留遗迹和风景设计、道路系统设计等一系列的改造与规划，建立了水质净化系统、生态防洪体系，创造了丰富的溪谷景观。

图1-17	
图1-18	图1-19

1956年之前这里是一家西雅图石油公司，工厂主要用于从煤矿中提取汽油，也因此每天排放出大量的污染物，工厂在废弃之后，1972年改建了城市公园。

出于对历史、环境的尊重，设计师并没有对现有的工厂建筑、设备、资源进行清理或破坏，而是在原厂元素的基础上进行改造设计。

西雅图煤气厂公园设计：尊重工业废弃地的原貌和历史，重视工业废弃地的生态性，挖掘工业废弃地的艺术，合理利用资源且有效降低项目成本。

（a）道路与装置　　　　　　　　（b）草坪与管道

会物质环境、社会制度环境、社会精神环境，而这些不同的社会环境都在直接影响着环境文化意识形态的形成（图1-20、图1-21）。

自古至今，艺术在不同民族、文化及价值观的交流中展现出其独特的包容性。各个民族内部，不同的价值观均获得了一定的尊重。伴随着民族文化的演变，各民族间的环境艺术文化经历了由"一致性"向"差异性"的转变，进而又在差异中寻求"一致性"，在不同文化的交流和碰撞中逐渐融合。

在当前全球文化同质化的趋势下，本土文化正逐步走向边缘化。因此，城市设计的应当致力于民族传统文化的复兴，积极推动多元文化及地域文化的发展，打造一个具有新时代文化内涵和民族特色的环境空间。

4. 科学性与艺术性属性

随着社会生活和科学技术的进步，人们的价值观念与审美观念发生转变，新风格与潮流的兴起，促进了新型材料、结构技术、施工工艺等在空间环境中的运用。

科学性是指运用前沿材料与先进技术打造舒适、合理且安全的居住或使用空间，艺术性则体现在对空间布局、家具选择、材质搭配、结构设计及工艺细节的巧妙运用，以此营造出显著的艺术审美效果。二者的融合不仅要求空间设计实现其物质功能，更要在技术与艺术之间找到一个巧妙的平衡点，从而使得美学特征在设计中得以充分展现（图1-22）。空间环境实质上是一个融合了人性化、多层次、多向度特征的复杂综合体，是对实用性、经济性和技术性等物质属性，以及审美层面的综合考量。

图1-20 传统园林景观

图1-21 现代园林景观

图1-22 环境艺术设计的科学性与艺术性

图1-20 | 图1-21
——————
图1-22

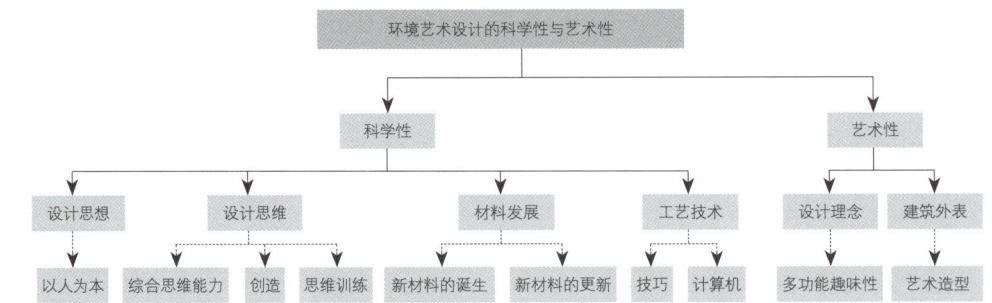

这是位于嘉定南翔的古猗园，始建于明嘉靖年间，是上海五大古典园林之一。园中有孤山曲廊，香阁翠楼，石舫水榭，怪石假山，为明代园林风致。

传统园林的功能定位基本属于观赏性，其局部功能形式比较单一，注重造园、文学和绘画的结合，简单来讲就是处理人们的居处和后院的关系。

现代园林设计注重精神文化，讲求经济性和实用性，是人文设计和艺术设计的综合。

摆脱了古典园林程式的束缚，不再刻意追求烦琐的装饰，转而追求平面式布局和空间组织的自由。

环境艺术设计的科学性与艺术性

科学性 / 艺术性

设计思想 / 设计思维 / 材料发展 / 工艺技术 / 设计理念 / 建筑外表

以人为本 / 综合思维能力 / 创造 / 思维训练 / 新材料的诞生 / 新材料的更新 / 技巧 / 计算机 / 多功能趣味性 / 艺术造型

图1-23 环保材料

新型环保材料和新工艺的应用，大大改善了装修对人类居住空间造成的污染和对生态的破坏。

图1-24 设计计算机化

除传统手绘制图外，设计师们现在通常采用专业绘图软件，这种方式相对传统手绘，节约了不少时间，制图和表现方式也趋向精准化、多样化。

图1-25 斯堪的纳维亚风格家居设计

（a）客厅注重光与自然所形成的特殊效果，崇尚自然、又注重功能且追求高雅的品位。
（b）卧室推崇极简配置，采用大面积装饰画取代墙面装饰造型。

图1-23 ｜ 图1-24
图1-25

（a）客厅　　　　　　　　　　　（b）卧室

环境艺术设计的科学性，除了在设计材料上的要求外，还需要借助科学技术的手段，从而满足人们的审美需求。如今节能、环保（图1-23）等许多前沿学科，已进入环境艺术设计中，而设计手段的计算机化（图1-24），以及美学本身的科学化，开拓了空间设计的科学技术新天地。

二、特征

通过设计，人类有了改造世界、优化居住环境的能力，从而提升生活品质。设计与人们的日常生活紧密相连，而环境艺术设计作为一门兼具专业性和实用性的学科，正迅速崛起并发展壮大。考察现代环境艺术设计的发展轨迹，不难发现其呈现出以下几个显著特点。

1. 自然化

随着全球经济的迅猛增长，人类社会不可避免地承受了相应的后果。环境污染问题日益严峻，资源的大量浪费令人触目惊心。面临人类居住环境的持续恶化和可用资源的急剧消耗，环境艺术设计领域需积极转向可持续发展的道路，旨在确保当代人类的需求得到满足的同时，不损害后世满足自身需求的能力。

由此，北欧斯堪的纳维亚设计风格逐渐兴起（图1-25），成为"好的设计""经典设计"的代名词。它强调自然色彩和天然材料的应用，崇尚自然，外形简约，又极具实用性。

2. 多元化

环境艺术是由多种因素复合构成的，因此它具有多元化的属性（图1-26，表1-3）。

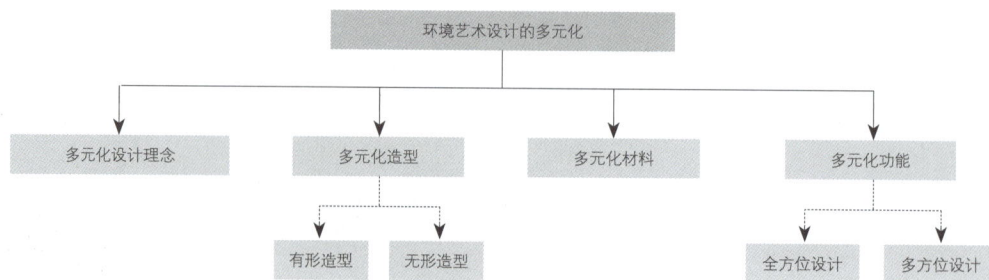

图1-26 环境艺术设计的多元化

表1-3 环境艺术设计的多元化内涵

多元化属性	图例	内涵
设计理念多元化		它是设计发展中不可或缺的一部分，可以是从多元化的实践慢慢发展成设计理念，也可以是以多元化的理念去指导实践。多元化的设计理念造就了设计的多元化，也是极其必要的设计先决条件
造型多元化		设计造型可被归为有形与无形两大类型。有形造型强调造型与功能性需求的融合，其特点在于形态的多样性、独特性与创造性；无形造型则是一种超越物质形态的设计手法，往往通过视觉符号来传达其设计理念，可视作有形造型的进一步拓展，是一种非物质化的表达方式
材料多元化		设计需要多种材料相互配合，通过掌握材料的不同特性（色泽、质地等），来满足不同设计的表现效果与使用功能等
功能多元化		追求单一功能性的设计理念显得不够全面，多功能设计理念的崛起，恰好符合了人们的这种需求；全方位功能设计不仅考虑到广大普通用户，还能够满足特殊人群，如残疾人士和老年人的使用；多方位功能设计只面向普通人群，但在其自我更新的过程中，能逐渐适应使用者的多样化需求

3. 技术化

近年来，一些发达国家的环境艺术设计领域呈现出一种新的发展趋势，其特征是现代科技与个人情感的融合，创造出既现代又温馨的空间体验。

设计师可以物质条件成熟的前提下，大胆运用高科技材料，并结合情感元素，以实现更加人性化的空间设计。这一过程不仅要求对技术手段的巧妙运用，也强调对人文关怀的深入思考（图1-27）。

4. 整体艺术化

环境艺术设计并非单一的艺术，而是一个协调各类艺术的整合体。它包括建筑、室内空间、公共空间、园林景观等所有的空间，而这些都与人们的活动范围一致。同时设计也是诸多元素的组合，如自然元素：山石、河流、湖泊等（图1-28），人工元素：照明、装饰灯等（图1-29）。它不单单是材料的堆积、符号的运用，更需要设计师具有全面的设计构造知识与丰富的实践运用能力。

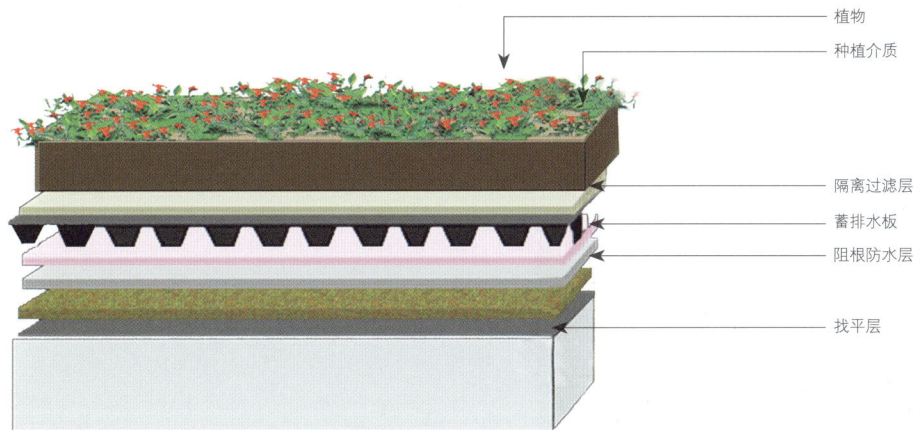

植物
种植介质
隔离过滤层
蓄排水板
阻根防水层
找平层

（a）露台种植防水层示意图

（b）防水层的应用（果蔬种植）

（c）防水层的应用（露台花园）

图1-27 露台空间防水层的应用

高科技防水材料的普及，城市楼顶也可以做成"空中花园"或者"空中菜园"。

图1-28 自然元素

这是一处有名的观赏景点——趵突泉，泉水的四周设置有几处亭台供人观赏，方便人们活动。

图1-29 人工元素

古典园林中，石灯、假山石、建筑窗棂的样式等这些人工元素的布置都有特定的要求。

图1-27
图1-28 | 图1-29

（a）景观近景

（b）鸟瞰

图1-30 新加坡滨海湾花园

（a）景观植物造型将建筑与自然融合，在建筑构造表面植栽绿化；（b）由滨海南花园、滨海东花园和滨海中花园三个风格各异的水岸花园连接而成，景点项目丰富，每个景点基本都规划和设计了能源和水的可持续性发展。

图1-31 室内空间设计（室内环境艺术设计）

图1-32 室外空间设计（室外环境艺术设计）

5. 个性化

在环境艺术设计领域内，个性化设计的概念远非仅限于表面的艺术表现形式，更是设计师独树一帜风格的具体表现。设计作品往往不轻易透露出其个性化的特征，而是需经过深入探究，才能逐渐揭示其中蕴含的个性化"美学"。设计师在观察日常生活与自然界的过程中，个性化成为他们对所见所感的真实映射。他们借助创新思维与丰富的想象力，将这些观察到的元素进行抽象化处理，进而内化为自身的设计理念（图1-30）。这一过程促使他们持续地探索和学习，进而推进环境艺术设计个性化的不断进步。

第四节　环境艺术设计教育

一、创立与发展

目前，国内部分高等院校依托各自的优势和特色，设置了环境艺术设计专业。我国的艺术院校、建筑院校和园林学院的环境艺术设计专业课程体系设置各具特色，其发展方向也应该扬长避短，充分发挥各自的优势。

环境艺术设计相较于其他学科成立时间较晚，但其成长态势却极为迅猛。对该学科的理解存在两个角度，从狭隘角度来看，环境艺术设计主要聚焦于室内外空间环境的构建与设计。从广义角度来看，环境艺术设计跨越了更为广阔的知识领域，不仅包括了环境科学、城市规划设计、建筑学，还融合了美学、人体工程学、心理学及艺术学等众多学科的理论与实践。其中，以家具、装饰为主要设计内容的称室内空间设计或室内环境艺术设计（图1-31）；以室外公共空间为主的，称室外空间设计或室外环境艺术设计（图1-32、图1-33）。

二、专业特征

建筑作为环境空间的核心要素，同时也是环境艺术的承载基础，因此，环境艺术设计与建筑设计有着紧密的联系。环境艺术设计可视为建筑学范畴的延伸，其设计理念既需兼顾物质与精神功能的需求，又受到技术与经济的双重限

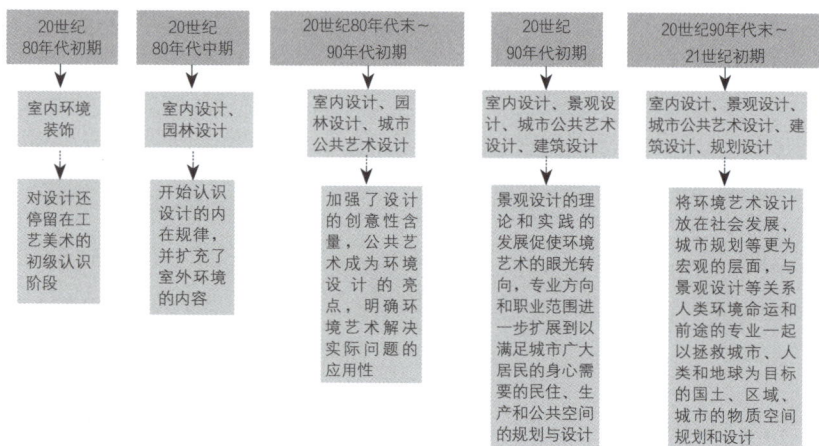
图1-33 环境艺术设计学科的发展过程

制，其深化了设计的内涵，强调形式上的艺术性，实现建筑学在精神文化上的升华。

进一步考察环境艺术设计的学科特性，发现其与其他相关领域如城市规划在本质上存在共同点。环境艺术设计、建筑设计以及城市规划等领域均体现功能、艺术与技术的融合。尽管环境艺术设计与景观设计、园林设计等领域在具体实践中有所交集，但它们各自关注的重点各异，各自在环境系统的不同层面展开研究。

就相同性看，这几个学科的目标都是为了将人与环境的关系落实到具有空间分布和时间变化的人类聚居环境之中，为人类营造适宜的聚居环境。结合目前环境艺术理论和实践的发展状况，环境艺术设计的几个基本方面均蕴含着三个不同层面的追求以及与之相对应的理论研究，如下表所示（表1-4）。

表1-4   **环境艺术设计的基本追求**

基本层面	内涵
文化历史与艺术层面	景观环境中的民族风俗、历史文化、地域文化、风土民情等上升到精神层面的东西，能直接影响人们的精神，也决定着一个地区或城市或街道的风貌变化
环境、生态、资源层面	包括对于土地资源的利用、地形与地貌、水资源、动植物、气候、光照等人文与自然资源所作的调查、分析、规划、设计、保护
景观感受层面	基于视觉的自然与人工形体所带来的观感

这三个层次，贯穿于整个设计，是环境艺术设计的整体感受与追求。

三、素质教学

1. 教学思想

传统的教学方法主要围绕对设计成果的追求而展开，其核心在于对学生模仿技能的培养。然而，随着时代的发展和环境艺术设计领域的变革需求，教育体系需要进行全面而深入的改革。改革的方向应集中在教学模式的创新、课程体系的重构以及教材内容的选择等多个维度。

将传统意义上的单向式教学方法更新为双向式教学方法。注重学生综合素质的培育，尤其是设计、施工和管理能力的提升。此外，加强学生在理性分析和问题解决方面的实践操作能力，以及激发其多角度思维的创新潜能，成为当前教育改革的重点。在此过程中，设计成果的多样性被赋予了更高的重视，以适应快速变化的社会和市场需求（表1-5）。

表1-5   **环境艺术设计的教育原则**

教育原则	内涵
开放性的教学思想	走出校门面向社会，结合实际实践经验教学，严格保证实践教学的落实，避免学生一味地纸上谈兵；专业知识的扩展与外延产生了新兴的设计方向，如园林设计、景观设计等
刚柔并济的教学进程	教学目的明确、清晰，对于教学中主要需要解决的课程问题及基本要求，可以综合其他平台的观点概念，根据学生对于课程的吸收与理解，加快或放慢教学进程

教育原则	内涵
灵活弹性的评估标准	环境艺术专业可以分为手绘制图、建筑结构分析、材料运用、建筑装饰工程计量与计价、制图软件学习等，针对学生的领悟能力与能力特点来展开教学，最后对实际教学成效进行公正、合理的评价

2. 教学方法

（1）环境艺术设计的教学方法

环境艺术设计领域涉及人类思维模式、个体特性、时代特征及文化元素等多个层面的交互作用，内容复杂，因此教学策略必须进行深入探究。

在环境艺术设计的教学实践中，应引导学生建立正确的学习方法和学习习惯，着重培养学生的方法论和观察、思考以及表达等技能，强调个性化的教育理念，避免机械式的知识传授或灌输式的教学手段。

针对环境艺术设计学科的学习特性，其学习过程是一个需要持续努力和不断探索的长期活动。专业教师在此过程中，应依据学生的具体条件制定相应的教学方案，并恪守由浅入深、逐步递进的教学原则，以实现学生从无知到认知，从认知到熟练掌握，再到技艺精湛的逐步提升。

在进行课堂教学活动时，教师应结合环境艺术设计的专业特色，运用多样化的教学策略，提升课堂的互动性。例如，小组讨论、合作学习等形式，不仅能够有效提升课堂氛围的活跃度，还能够激发学生的积极思考能力、自主学习意愿以及创造潜能的发展。

在具体教学实践中，环境艺术设计的教学手段和方式见表1-6。

表1-6　　　　　　　　　环境艺术设计的教学手段和方式

教学手段和方式	图例	内涵
模仿训练		设计专业教学的传统方式就有模仿训练这一项，现在主要用于训练学生对规范的了解，从常规性的作业中建立规范意识
思维训练		思维方式是解决问题的核心，对思维过程的系统训练是必要的，是开展各类训练的先决条件。设计涉及对成本等多重因素的综合考量，是将各个相关元素融合为有机整体的创造性过程，设计课程也是设计思维的系统培育的重要任务
小组研讨		在高级学段的教学活动中，适时引入特定课题的实践训练环节至关重要。应鼓励学生独立检索资料，从而构建个性化的见解。在此过程中，学生通过互动讨论，相互交换意见，不仅丰富了知识储备，同时也锻炼了其语言表达技能。此外，在组织高年级学生的分组研讨活动时，教师应着重培养学生的组织协调与自我管理能力

教学手段和方式	图例	内涵
专题讲座		通过专题拓宽专业视野，形成专业知识在横向层面的展开和纵向层面的探索
快题训练		加强创新和控制能力的训练，培养发现问题后快速综合地解决问题的能力

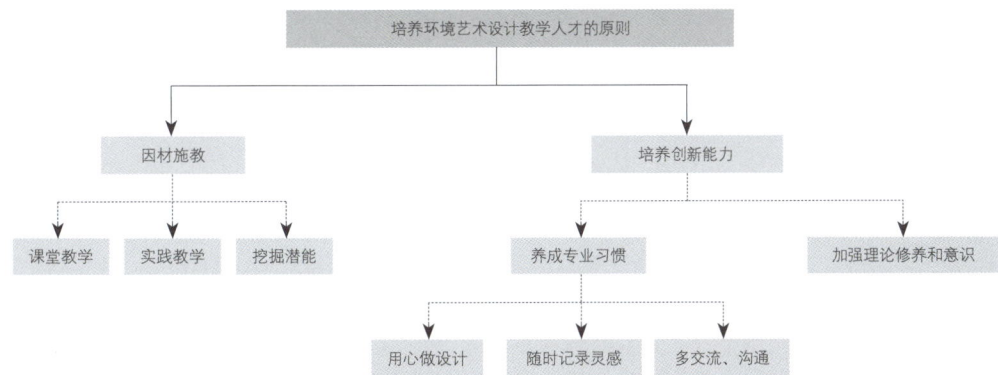

图1-34 培养环境艺术设计教学人才的原则

（2）培养环境艺术设计教学人才的原则（图1-34）

1）因材施教。在学生共性特征的基础上针对其个性差异的实现个性教育模式。学生在生活背景、审美素养、文化及专业教育水平方面呈现出多样性，性格、智力、情感等内外在因素方面也具有一定差异，因此，他们在环境艺术设计的学习过程中逐渐展现出不同的个性特征与风格。在环境艺术设计的学术探究中，教育者需重视学生个体间的差异性，采取针对性的教学手段。这种以学生个性为出发点的教育理念，实际上是在共同教育标准之上的个性化调整。

2）培养创新能力。环境艺术设计是一门实践性学科。环境艺术设计专业的学生既要有扎实的理论基础，又要有成熟的专业设计能力。需要不断加强理论修养和创新意识，养成良好的专业习惯。

3. 素质教学的特点

素质教学的特点应体现以下几个方面（表1-7）。

表1-7　　　　　　　　　　　　　　　　素质教学特点

素质教学特点	内涵
注重对理论的现实体验	理论是指导实践的认识基础，设计理论在设计教育中具有深远意义；通过理论学习提高理论修养，有助于对专业认识的积累和人生观的形成

素质教学特点	内涵
注重工作方式的实践体验	开设针对性强且具有实际操作性的专业课程，或使学生直接融入现实课题项目，均能有效促进学生独立思考及自主检索知识与信息的技能；这样的教学策略，不仅能够激发学生的创新思维，而且有助于塑造其竞争力及团队协作的理念；此外，这种教育模式还显著增强了学生参与社会实践和适应社会环境的能力
注重工作过程的辩证体验	教学过程始终伴随着诸如"严谨与松弛""限制与鼓励"等众多内在的矛盾。正如古语所云，"十年树木，百年树人"，教育任务充满艰辛与挑战；教师既是导演，又是演员，同时也是观众；教师作为学生在专业领域接触的首个参照，其素养和才华在教学互动中的展现，影响着学生的人格塑造与个人成长

第五节　案例解析：环境艺术设计的个性化解析

环境艺术设计必须最大程度地反映本土文化这一原则，通过价值较高的理念吸收空间艺术的精髓，进而设计出凸显个性化的艺术作品。在环境艺术设计中体现个性化的策略时，设计者不应过于追求个性，从而忽视作品和环境之间的和谐统一性。

一、强化空间艺术设计应用

在进行个性化设计理念时，应深刻认识到环境质量的重要性。设计过程中，不仅要融入环保理念，更要确保作品与周边环境的和谐共生。此外，设计师应满足居住者的需求，同时不断优化空间的使用效能，同时注重个性化表达，强化设计的独特性与艺术性（图1-35）。

二、重视环境艺术设计风格化

个性化设计能够映射设计师对设计对象的认知过程，需在特定的环境背景下对自然界的客观规律进行精准掌握。在制定设计策略时，应避免过度追求浪漫主义情怀，而是在众多方案中精心筛选出最优者。此外，设计师必须掌握多样的艺术表现手法，在确保设计风格鲜明的同时，有效满足人们多元化的需求。在设计过程中，应融入文化设计的元素，使受众能够深入理解自然界的奥秘以及地域性的生活习惯与风俗（图1-36）。设计师在创作实践中应不断创新，确保个性化设计得到合理的表达。

图1-35 慕尼黑奥林匹克公园（建筑师贝尼斯和奥托）

（a）德国慕尼黑曾经是一个拥挤的城市，因此，奥林匹克场馆的修建是一件十分困难的事情；奥林匹克体育场屋顶的"鱼网帐篷"是半透明的人造有机玻璃，相当昂贵。
（b）场馆的原地址为一处报废的机场，公园内有大型水上运动湖、奥林匹克村和新闻中心、高达290m的电视塔（原奥运塔改造而成）等。

（a）慕尼黑奥林匹克体育场

（b）慕尼黑奥林匹克公园内电视塔

（a）慕尼黑奥林匹克体育场内部空间

（b）慕尼黑奥林匹克公园与周围环境

（c）慕尼黑奥林匹克公园水景

（a）小火车

（b）鸟类

（c）游乐设施

三、科学和艺术结合

环境艺术设计的核心宗旨在于实现外部环境与人类居住空间之间的和谐融合。设计者需充分考量住户的需求与偏好，采纳创新手段进行艺术性的加工与优化。此外，人类对自然资源的过度开发与不合理利用，已经导致居住环境的持续退化，进而威胁到人类自身的生存质量。因此，设计实践中必须秉持对自然环境的尊重，遵循可持续发展的基本原则（图1-37）。

四、案例总结

想要在环境艺术设计中凸显个性化，设计者在进行个性化设计的时候不可以过于追求突出个性，必须重视作品和环境之间的和谐统一性。一定要基于优化环境这一根本目标，使人们的个性化需求得到有效的满足。只有这样才能在保证环境艺术设计质量的基础上，体现其个性化设计。

本章小结

什么是设计？什么是环境艺术设计？在本章节都有详细的解读。设计与艺术的出现是人类文明进步的必然结果，设计教育任重而道远。作为未来的设计工作者，我们应当赋予思维以想象的翅膀，善于观察和发现，用全新的视角去探索我们所熟悉的世界，要知道美的设计并非遥不可及，想象的空间是无限的，灵感就在你我触手可及的地方。

课后练习题

（1）设计的核心内容主要包含哪些阶段？

（2）设计与技术存在哪些关系？

（3）环境艺术设计的概念是什么？

（4）观察生活，指出在家居生活中人有哪些基本需求，为这些需求设计的空间有哪些？

（5）环境艺术多元化有哪些方面内容，结合生活中的公园进行分析。

（6）分组讨论：我们该如何学好环境艺术设计？

（7）考察当地革命纪念馆或红色文化博物馆，指出环境艺术设计在爱国主义教育空间内的表现方式，写一篇1000字左右的考察报告。

图1-36 公园风格化设计

（a）"近距离的奥运会"是场馆建筑的主导思想，整个公园由33个体育场馆组成，核心建筑就是奥林匹克体育场，有着"鱼网"组成的帐篷式屋顶，可容纳8万观众的大空间，就连草坪足球场下面都设计了暖气设备，因此，这里一年四季绿草茵茵。

（b）公园对环境影响很大，建筑与环境十分和谐；目前，慕尼黑奥林匹克公园也是当地民众最佳的运动场去处。

（c）夏日里，能在湖面上泛舟；冬日里，还能在人工湖的冰面上滑冰，在奥林匹克山上滑雪，十分惬意。

图1-37 公园内生态环境

（a）公园设有露天剧场、观景台、人工湖，可泛舟、溜冰、乘坐小火车、晨跑，大片的草地给人们提供了户外活动空间，成为当地居民最喜欢的娱乐运动场所之一。

（b）天空中，有肆意翱翔的小鸟；地面上，有宽阔碧绿的草坪，人与自然环境和谐共处。

（c）草地上还有各种儿童游乐设施，如摩天轮、旋转木马。

图1-36
图1-37

第二章

环境艺术设计的历史与发展

识读难度 ★★★☆☆

重点概念 环境艺术设计、中外、起源、教学与案例

章节导读 环境艺术设计的历史是人类理解环境，同时用自身的力量构建环境的历史。这是人类思想与意识的演化过程，是科学技术的发展过程，也是人类居住环境的演变过程（图2-1）。从地域上讲，由于中外社会发展历程不同，各阶段历史发展水平不同，文化观念有别，这些都导致了中外两种文化体系对环境艺术的研究与认知的差异。本章节将详尽地讲解中外环境艺术设计的发展历程与特色，以及环境艺术设计的起源，借此让大家了解、学习环境艺术设计的历史与发展进程。

图2-1 承德避暑山庄

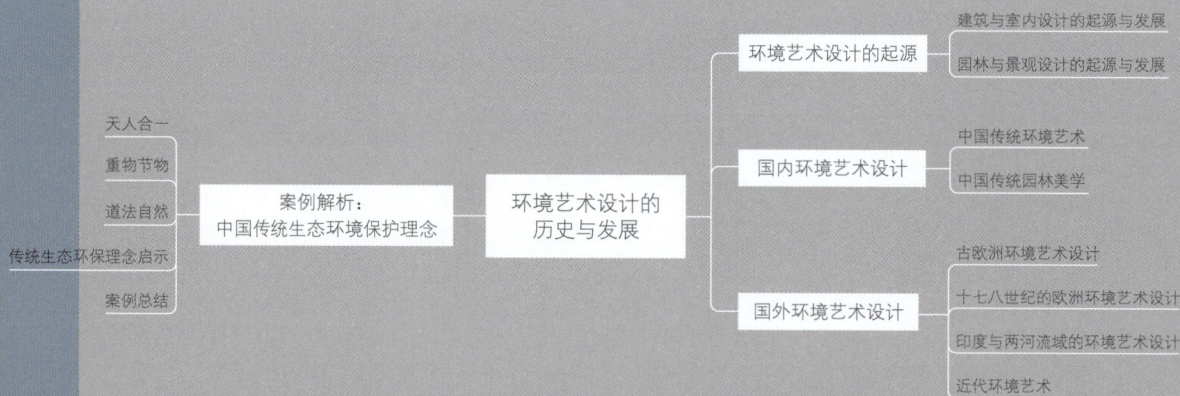

环境艺术设计的起源 —— 建筑与室内设计的起源与发展
　　　　　　　　　—— 园林与景观设计的起源与发展

国内环境艺术设计 —— 中国传统环境艺术
　　　　　　　　 —— 中国传统园林美学

环境艺术设计的历史与发展

国外环境艺术设计 —— 古欧洲环境艺术设计
　　　　　　　　 —— 十七八世纪的欧洲环境艺术设计
　　　　　　　　 —— 印度与两河流域的环境艺术设计
　　　　　　　　 —— 近代环境艺术

案例解析：中国传统生态环境保护理念 —— 天人合一
　　　　　　　　　　　　　　　　　 —— 重物节物
　　　　　　　　　　　　　　　　　 —— 道法自然
　　　　　　　　　　　　　　　　　 —— 传统生态环保理念启示
　　　　　　　　　　　　　　　　　 —— 案例总结

图2-2 中国古典建筑故宫角楼

图2-3 法国凡尔赛宫园林

第一节 环境艺术设计的起源

人类进化史，正是人类用自己的智慧和力量营建理想生存环境的历史。追溯环境艺术设计的历史起源，主要有两个方面：一方面是作为室内设计方向渊源的建筑设计（图2-2）和室内装饰，另一方面是作为景观设计方向渊源的园林设计（图2-3）。

一、建筑与室内设计的起源与发展

1. 中国的建筑与室内设计发展概况

环境艺术设计发展的历史进程中，古代社会生产力水平有限，民众普遍依赖于自然，接受命运成为生活的普遍状态。在该背景下，"天人合一"与"天人感应"的理念成为人们追求的最高理想。在我国古代建筑艺术的演进历程中，室内设计与环境艺术设计始终与建筑设计紧密相连，形成相互依存的发展态势（图2-4）。

在中国传统的建筑体系中，木结构体系占重要地位，其工艺在历史的演进中不断演进。随着国家经济、政治及文化的繁荣，这种结构模式逐渐占据了宫廷建筑的主导地位。从春秋战国时期的建筑意象确立，到斗拱、台基等元素的演变，我国古典屋顶在秦汉时期已基本成形。其特点是将原本平直的斜面屋顶转变为下凹式的曲面，使屋角呈现出上翘的形态，这标志着我国建筑史上的第一个高潮。在唐宋时期，建筑风格得到进一步丰富。至明清时期，以五台山的佛光寺大殿即为代表，木结构建筑达到了工艺上的巅峰。

2. 西方的建筑与室内设计发展概况

（1）古埃及的建筑与室内设计

古埃及是四大古国之一，是人类文明的发源地。古埃及人创造了人类最早的、一流的建筑和室内设计。古埃及府邸和宫殿的布局注重遮阳和通风，院落式布局有着明确的纵轴线和纵深布局（图2-5、图2-6）。

被誉为世界建筑奇观的埃及金字塔，是象征古埃及文明辉煌成就的历史印记，呈现出非凡的几何形建筑风格。古代埃及神庙建筑源自居住型房屋，特点

图2-4 中国的建筑与室内设计发展概况

图2-5 阿玛尔纳宫殿平面图

宫殿内的主要房间和住宅按照院落的纵向轴线对称布局。

图2-6 卡宏城住宅平面图

这里属于贵族府邸，注重遮阳通风，采用内院式，主要房间朝北，前面敞廊，用以减弱阳光辐射热；房间分男女两组，阶级区分，私密性很强，体现了奴隶制社会制度下阶级的对立。

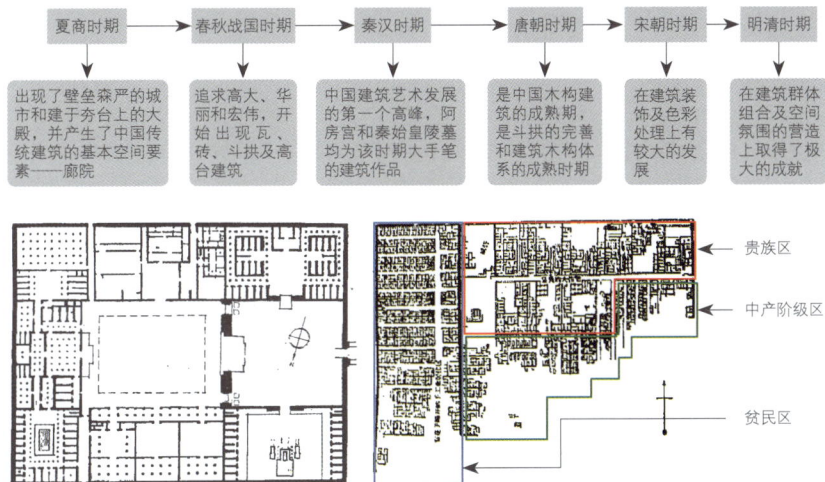

图2-4

图2-5 | 图2-6

夏商时期	春秋战国时期	秦汉时期	唐朝时期	宋朝时期	明清时期
出现了壁垒森严的城市和建于夯台上的大殿，并产生了中国传统建筑的基本空间要素——廊院	追求高大、华丽和宏伟，开始出现瓦、砖、斗拱及高台建筑	中国建筑艺术发展的第一个高峰，阿房宫和秦始皇陵墓均为该时期大手笔的建筑作品	是中国木构建筑的成熟期，是斗拱的完善和建筑木构体系的成熟时期	在建筑装饰及色彩处理上有较大的发展	在建筑群体组合及空间氛围的营造上取得了极大的成就

贵族区

中产阶级区

贫民区

在于使用石块构建的梁柱结构，进而形成稳固的石制梁柱系统；紧密排列的柱子和高侧窗透入的自然光线的巧妙结合，彰显出神秘感（表2-1）。

古埃及主要的技术：精巧的石工艺技术；雕塑艺术日臻完善；精确的几何学、测量学；发明了起重、运输机械；具有了组织、协作能力；学会了绘制建筑图纸（三维彩色轴侧图）。

表2-1　　　　　　　　　　　　古埃及建筑的分期

古埃及建筑的分期	图例	特点
古王国		建筑主要以陵墓为主，有"玛斯塔巴"、金字塔（典型代表）
中王国		峡谷里的陵墓（岩窟墓），祭祀厅堂成了建筑的主体，沿纵深布局，山崖成为陵墓景观的组成部分
新王国		以神庙为代表，建筑呈轴线对称
托勒密王朝		建筑规模不大，但受希腊和罗马影响，较为精致

★补充要点

古埃及与尼罗河

古埃及的疆域涵盖上埃及与下埃及两部分。上埃及位于尼罗河中游的峡谷地带，而下埃及则是指河流入海口的三角洲地区。这一古老文明沿着尼罗河的狭长流域逐渐孕育并繁荣发展。对其文化与建筑风貌产生了深刻影响。

得益于尼罗河的丰沛水源，埃及得以进行广泛灌溉；作为主要活动范围的河流与峡谷地带，为建筑提供了的原材料；自然景观的多样性，培育了人们的审美情趣；与河流的抗争，则不断锻炼古埃及人的技艺。

（2）古希腊的建筑与室内设计

古希腊建筑的建筑形态多样，该时期常见的建筑柱式包括爱奥尼克柱式、多立克柱式以及科林斯柱式（表2-2）。以古希腊最知名的建筑帕特农神庙为例（图2-7），雅典卫城的代表性建筑就是神庙，有圆形神庙、端柱式、列柱式及列柱围廊式，立面由三角形山花和柱廊端部组成，从近处可以观察到立柱的细部构造。

（a） （b）

图2-7 帕特农神庙

（a）（b）矗立在雅典卫城的最高处中心位置，是雅典卫城最重要的主体建筑，是用来供奉雅典娜女神的最大神殿。其设计堪称古希腊建筑艺术的最高典范，尤其是柱式的形式具有典型的代表意义，如多立克柱式比例粗壮、刚健、庄重宏伟。

表2-2　　　　　　　　　　　　**古典希腊建筑的三大柱式**

古典希腊建筑的三大柱式	图例	特点
爱奥尼克柱式		柱身细长秀美，表面装饰有24条精致凹槽，顶端饰以一对向下螺旋的涡卷造型。此类柱状结构通常安置于独立的基座之上，将柱体与建筑的脚座或平台分隔开来
多立克柱式		出现最早，一般建于阶座上，粗大雄壮，柱头是个倒圆锥台，没有柱基；柱身有时雕成20条槽纹，有时平滑，柱头没有装饰
科林斯柱式		装饰构造比爱奥尼克柱式更加精致细腻。柱式以茛苕作为柱头的装饰元素，其造型犹如一个装满繁花绿叶的篮子，展现出极高的装饰价值。但应用范围相对有限

（3）欧洲中世纪的建筑与室内设计

　　早期基督教建筑深受拜占庭风格的影响，通过对帆拱技术的运用，成功解决了圆形屋顶与多边形平面结构结合的难题，十字拱被置于帆拱之上的穹顶所替代。圣索菲亚大教堂就是该风格的典范（图2-8）。文艺复兴后，哥特式建筑风格产生，其源于罗马式建筑，法国巴黎圣母院便是这一风格的杰出代表（图2-9）。哥特式建筑在结构上采用尖拱、肋拱和飞拱等元素，以减轻建筑物的侧推力和结构厚度，飞扶壁的应用降低了建筑高度，同时扩大采光区域。

（4）新艺术运动的建筑与室内设计

　　拒绝复古和传统式样是新艺术运动的一大特性，且它还提倡运用现代材料和技术（如铁和玻璃），探索现代材料和技术带来的艺术表现的可能性。新艺术运动倡导自然风格，装饰上突出曲线和有机形态。由于铁便于制作各种曲线，因此室内装饰中大量应用铁构件（图2-10）。受东方风格的影响，尤其是日本江户时期的装饰风格与浮世绘的影响（图2-11）。

★小贴士

科林斯柱式的美丽传说

相传在希腊科林斯市，一位即将结婚的年轻少女不幸因病离世。家人深感悲痛，于是收集了她童年时期最钟爱的玩具及物品，将其放置在一只精致的花篮中。随着时间的推移，在春暖花开之际，女孩的墓地生长出一株毛茛花。该植物的茎叶逐渐蔓延，将花篮紧紧包围，形成一种极为美观的形态。这一景象很快引起了人们的关注，成为科林斯柱式的设计灵感。该柱式的顶端设计为藤蔓状的"涡卷"装饰，而底部则采用毛茛花茎叶的图案，向那位美丽女孩的传说致敬（图2-12）。

图2-8　圣索菲亚大教堂

图2-9　法国巴黎圣母院

图2-10　应用铁构件制作曲线造型建筑

图2-11　日本浮世绘风格装饰

图2-12　毛茛花及装饰

图2-8	图2-9
图2-10	图2-11
图2-12	

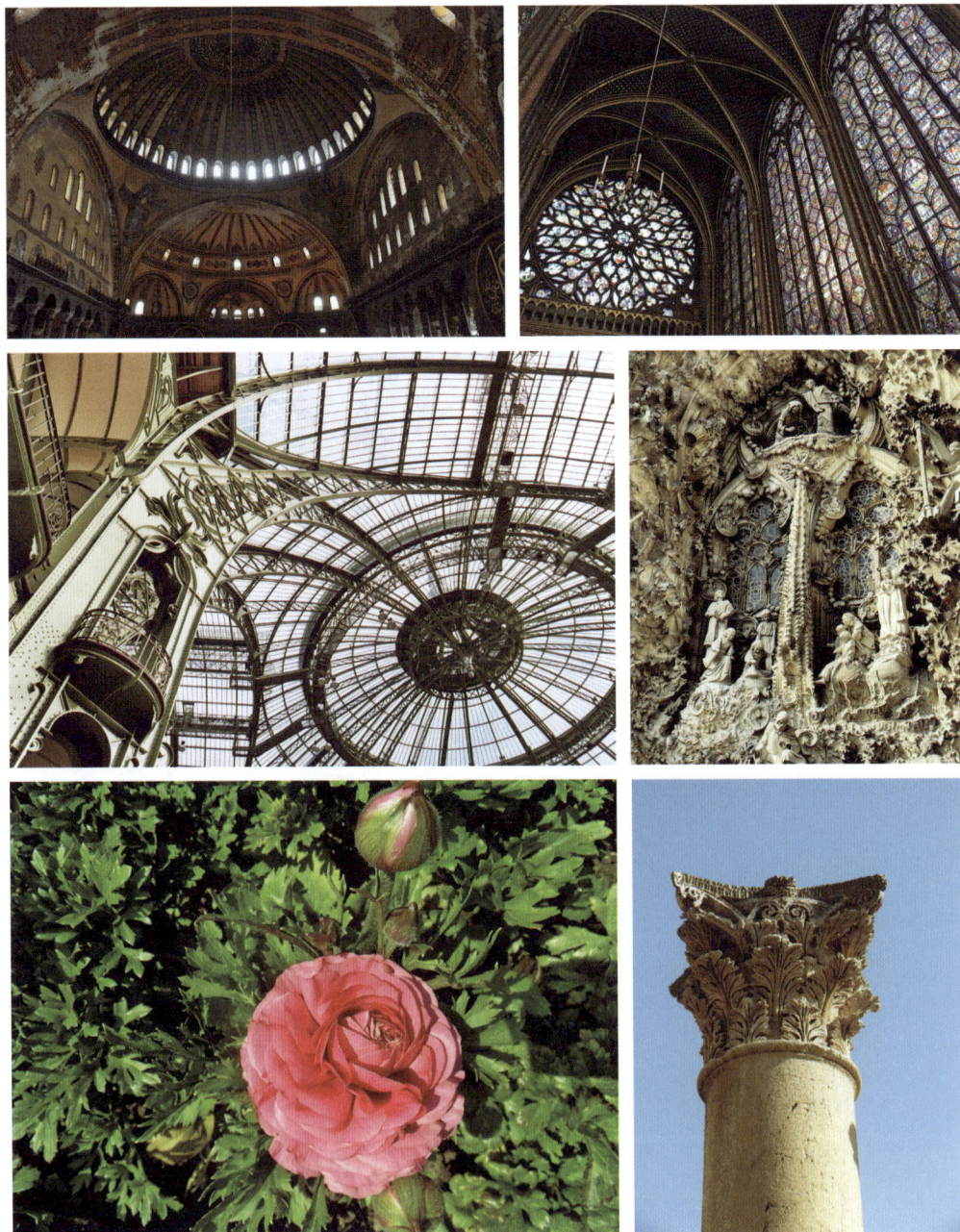

（a）毛茛花茎叶　　　　　　　　　　　（b）科林斯柱式上的毛茛花茎叶

3. 现代主义建筑与室内设计

现代主义建筑设计出现了四位先驱人物：格罗皮乌斯、密斯·凡·德·罗、勒·柯布西耶、赖特（表2-3）。

表2-3　　　　　　　　　　　现代主义建筑设计师

设计师	设计作品图	特点
格罗皮乌斯		创立了包豪斯学校，并亲自设计学校的校舍
密斯·凡·德·罗		提出了"少就是多"口号，在建筑设计中精于对钢与玻璃的运用，设计了巴塞罗那博览会的德国展览馆
勒·柯布西耶		著名建筑师、城市规划家兼作家。作为现代主义建筑思想的积极推动者和机器美学的关键创立者，朗香教堂是其艺术理念与设计哲学的集中体现
赖特		"有机建筑论"的倡导者，提倡建筑与环境之间建立有机联系，流水别墅是其代表作品，洋溢着浪漫主义的气息

二、园林与景观设计的起源与发展

1. 中国古典园林与景观设计

中国传统文化的核心观念是对自然的崇敬与顺应，以儒家思想为主导，辅以佛教与道教的理念，重视情感与景致的交融，彰显"天人合一"的哲学境界。园林作为文化表达的重要载体，应遵循该原则，追求对自然的理想化再现，而非简单的物质模仿。

中国古代造园历史悠久（图2-13），人们追求园林的诗情画意、情景交融，意境乃中国古典园林的最高追求。这些鲜明地折射出古人的自然观和人生观（表2-4）。

商周时期	秦汉时期	魏晋南北朝时期	唐宋时期	明清时期
↓	↓	↓	↓	↓
囿	苑	园（转折点）	园（成熟阶段）	园（精深发展阶段）

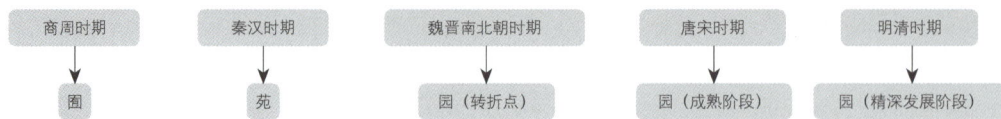

图2-13 中国园林的发展简图

　　在中国古代，园林艺术的孕育与演进历经了多个阶段。商周和秦汉为生成期，魏晋南北朝为转型期，唐宋时期为成熟期，而明清则是园林设计的精深发展期。具体而言，唐宋时代的园林成就尤为显著，皇家园林在这一时期达到了设计上的成熟。西苑在继承"一池三山"传统格局的基础上，创造性地引入了园中园的概念，并形成了完善的水系规划。在明清时期，中国古典园林的内涵与形态已趋于稳定，技术水准达到历史巅峰。

表2-4　　　　　　　　　　　　　　　中国古典园林与景观设计

中国古典园林发展时期	园林画作	特点
商周时期	 后世创作	"文王之囿，方七十里"，囿的作用主要是放牧百兽，以供狩猎游乐，是我国古典园林的一种最初形式
秦汉时期	 后世创作	秦朝连续不断地营建宫、苑等不下三百处，这一时期开创了"一池三山"的格局，如上林苑中的阿房宫
	 后世创作	汉朝在秦上林苑的基础上继续扩建，苑中有宫，宫中有苑，在苑中分区养动物，栽培名果奇树，如未央宫
魏晋南北朝时期		众多绘画大师在山水画领域取得了卓越成就。他们的创作在布局、色彩运用、层次分布及营造诗意境界方面，为园林艺术提供了丰富的借鉴资源。以顾恺之的《女史箴图》为例，这幅作品充分展现了画家的高超技艺。在这一阶段，我国古典园林建设达到了繁荣的顶峰，同时也迎来了重要的变革时期
唐宋时期		在唐朝时期，众多文人画家追求高洁的生活境界，他们往往自行设计园林，将诗意与画意巧妙地融入其中。他们致力于探索抒情性的园林美学，打造具有深厚文化内涵的景观。例如，王维的《著色山水》促进了园林艺术的快速发展

中国古典园林发展时期	园林画作	特点
唐宋时期		宋代园林不再仅仅追求自然山水的简单模仿，而是开始将绘画艺术与文学创作融入其中，如张择端的杰作《清明上河图》，园林的设计重心转向城市环境，其中人工理水、精致假山的构建以及建筑物的再设计，成为该时代园林的显著特征
明清时期	 	私家园林的繁荣发展达到高峰。以明清时期江南地区的私家园林为范本，这一时期的园林建设遍布全国，在南京、苏州、扬州、杭州等地，私家园林的数量和品质均居全国之首。例如，明代《出警入跸图》和清代画家王原祁作品所描述的景象

2. 西方古典园林与景观设计

（1）古埃及、古希腊、古罗马时期

漫长的岁月赋予各国园林悠久的历史文明和独特的风格。从古埃及、古希腊、古罗马、古巴比伦时期，到中世纪时期的园林，直至文艺复兴后的园林都各有特色（表2-5）。

表2-5　　古埃及、古希腊、古罗马、古巴比伦时期的园林与景观设计

西方古典园林发展时期	西方古典园林	布局形式
古埃及		在新王国时期才初步形成真正的园林概念，庭园平面为对称的几何式，庭园为方形，中心为水池
古希腊		园林类型有宫廷庭园、文人园、宅园及公共性园林（主要包括圣林和竞技园）

西方古典园林发展时期	西方古典园林	布局形式
古罗马		多仿希腊的柱廊园及宫廷庭园，到罗马全盛时期开创了一种新的园林形式——别墅园（台地园），沿山坡建园，依山丘地势高低，分台层处理
古巴比伦		园林类型有猎苑、圣苑及著名的空中花园，空中花园是最早的屋顶花园

（2）文艺复兴时期至今

园林景观的设计理念在全球范围内呈现出多样化的趋势，意大利园林、法式园林与英式园林构成了三大典型的风格流派。

1）意大利园林。意大利园林起源于文艺复兴初期，其设计初期深受古代文化影响，逐渐演变为以建筑为核心的景观构造。这些园林特点包括宽敞的观景平台、连接各层的楼梯、装饰有壁画的亭子、由青铜或大理石打造的喷泉以及古典雕塑等元素。然而，文艺复兴晚期，园林艺术出现了向巴洛克风格的转变，其特征为复杂的装饰细节和令人眼花缭乱的曲线设计（图2-14）。

2）法式园林。法式园林受到意大利文化的深远影响，虽在局部设计上可见意大利风格的痕迹，但整体上仍然保持其独特的规则性。17世纪末，法国园林艺术发展出一种典雅而庄重的风格，以规则的平面图案闻名。在局部设计上，如刺绣花坛、组合花坛、喷泉、瀑布和雕塑等元素，都体现了法国园林的精细工艺。18世纪末至19世纪初，随着英国风景式园林的传入，法国园林在表现大自然之美方面更是增添了多样性和丰富性（图2-15）。

3）英式园林。相比意大利园林和法式园林，英式园林的出现时间较晚。在17世纪初，英国园林以简约自然的风格著称，其构成元素包括廊亭、果园、修剪整齐的植物、喷泉、花坛以及小型景观装饰。

18世纪，英国涌现出大批风景画家和田园诗人，绘画与文学中热衷自然的倾向为18世纪自然式造园的产生奠定了基础，风景式造园从萌芽开始，直至名扬四处（图2-16）。

图2-14 巴洛克式园林

采用对称式结构，细节烦琐、精细，令人叹为观止。

图2-15 法式园林

强化绿化植物的修剪，崇尚标准的几何形体，多偏爱喷泉及雕塑的结合。

图2-14 ｜ 图2-15

图2-16 英式园林

（a）建筑高耸，周边园林设计多以草坪与地被植物为主，较高的乔木仅出现在建筑远处。

（b）英式园林大面积花坛、喷泉等，朴实无华、内容丰富，具有田园风格和浪漫主义色彩。

（a）园林与建筑

（b）喷泉景观

★ **小贴士**

如何实现小空间下的舒适户外活动场所

户外活动区域的设计应与室内空间风格相协调。设计师可以采用重复配置简洁的植被，特别是绿色植物与灌木等具有趣味性的品种，以营造出一种视觉上更为开阔且连续的景观效果。

喷泉作为园林设计中的重要元素，能够成为视觉焦点。通过将低位喷泉与灌溉用的灵活管道系统相结合，可以确保园林中水流的持续供应。此外，在园林内划设一个专用的储存区域，用以放置园艺工具及橡胶水管等必需品，座椅、餐桌以及篱笆等元素均可被用作该区域的隔离界面。

第二节　国内环境艺术设计

西方知名思想家罗素曾提到，中华民族在数千年的演变中形成的生活模式，倘若被全球各国人民所接受，那么地球上的和谐与快乐必将大幅增加。他进一步指出，若未能吸取一直以来被忽视的东方智慧，文明的前景将变得黯淡无光。充分彰显中国传统文化对人类文明进程的深远影响（图2-17、图2-18）。

一、中国传统环境艺术

如果说西方环境艺术设计史的学习重点是其人文思想的更替和丰富的环境艺术语言，那么，中国环境艺术设计发展的学习重点则是其建筑、城市设计、园林中所体现的对哲理思想、民族性格的关注。

中国传统文化博大精深，环境艺术设计方面更甚，从建筑的整体体系、组群布局、单体构成到部件组合、细部装饰，到建筑所反馈的哲学意识、伦理观念、文化心态，再到传统的建筑

图2-17 传统彩画

梁柱上色彩斑斓的彩画格外吸引人们的目光，其样式和图案种类繁多，这里是图案丰富的苏式彩画。

图2-18 古建筑屋脊神兽

屋脊上排首位的是骑凤仙人（寓意祈愿吉祥），依次排列为鸱吻、凤、狮子、天马、海马、狻猊、垂兽（固定瓦件）。

图2-17 | 图2-18

形态、城市形态、园林形态（图2-19），都可以感受到优秀的中国传统文化。

1. 建筑形态

制度化与延续性是中国传统建筑的核心特征，其中，木结构体系的持续进步与优化成为其最为显著的标志（图2-20）。起初，为应对多样化的自然条件，如气候与环境差异，中华大地内逐渐形成了穴居与干阑两种建筑模式，分别与黄河流域的"土"文化与长江流域的"水"文化相适应。

西方古典建筑呈现出一种集中型的大体量砖石结构体系，而中国建筑则展现出一种分散性的多栋布局模式（图2-21）。自木构架建筑问世之始，其便以分散型形态存在。自汉朝起，人们采用"人形一丈"作为衡量居室单位的标准，通过设定栋与栋之间的间隔，并利用园林作为连接，构建起庞大的建筑群或更大的建筑集合。在建筑群组合方面具有优势的中国建筑，在明代时达到了前所未有的高峰。

离散结构强调组群对人体尺度的合理性以及环境的适应性，具有很强的"实用主义"特点。同时又根植于实际生活，反映出传统儒家"礼"教的核心思想。在中国传统建筑文化中，儒家文化既有对建筑形态成熟且牢固的正面影响，也有阻碍建筑形态多样化发展的负面干预。

由于建筑意识形态的独特作用，建筑成为标志等级名分、维护等级制度的重要手段。建筑等级制对城市的城制等级、宗庙建筑的等级规定、单体建筑等这些层面都有区分。在"数""质""文""位"等诸多方面都有具体的规定。

中国建筑文化的发展进程反映民族特色与外来文化的影响过程。伴随着文化的各国文化的深入交融，多元文化的融入为建筑设计理念注入了新的活力。在这一背景下，建筑艺术不仅吸收了异域文化的精髓，宗教的传入亦为建筑风格带来了创新与多样性。中国建筑传统在外来文化的催化下，经历了文脉的演变与整合，展现了独特的发展轨迹。例如，西汉张骞的出使西域，开辟了丝绸之路，也促进了中国与西方文化的交流。推动了建筑文化的整合与创新（图2-22）。

图2-19 中国传统环境艺术

图2-20 传统建筑的木结构体系

景风阁古建筑群始建于明末清初，由于古建筑都是木结构，历经千年的风雨侵蚀，必然会褪色、销蚀，失去原本夺目的光彩。

图2-21 多栋离散型布局

景风阁古建筑群集文庙、武庙、财神殿、佛塔为一体，且都是按照轴线布局，分散开来的，并没有全部聚集在一起。

图2-19
图2-20 | 图2-21

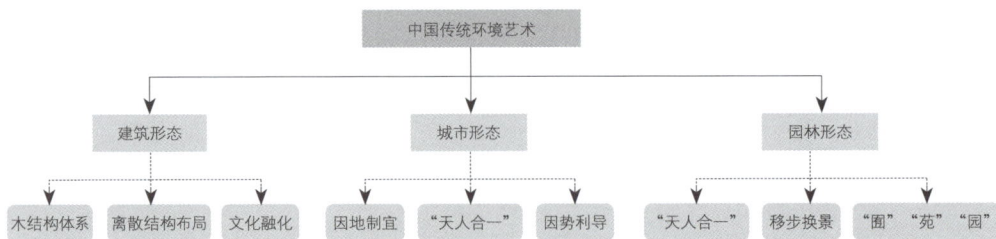

（a）汉朝舞蹈陶俑

（b）"马踏飞燕"雕塑

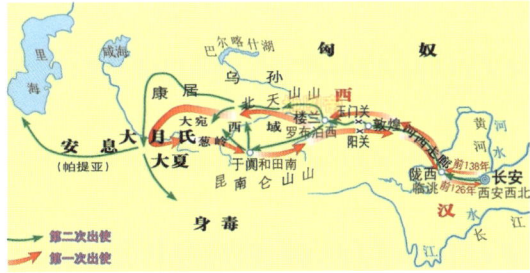

图2-22 汉朝的文化艺术品

丝绸之路的开辟，有力地促进了中西方的经济文化交流、宗教思想交流，西域的土产如葡萄、胡桃（核桃）、胡麻（芝麻）、胡豆（蚕豆）、胡瓜（黄瓜）、胡萝卜等，西方的音乐、舞蹈、绘画、雕塑、杂技，这些都传入中国，对中国古代文化艺术产生了积极的影响。

图2-23 汉代张骞出使西域示意图

汉代张骞两次出使西域线路并不重合，拓展了丝绸之路的广度与深度。

图2-22｜图2-23

★补充要点

张骞西域之行

汉武帝建元年间，为了联合西迁的大月氏以共同对抗匈奴，张骞受命担任使者。具体而言，建元二年（公元前139年），张骞带领队伍踏上了征程。不幸的是，途中遭遇匈奴的截击，被俘并被扣留长达十年之久。在这段期间，他终于觅得逃脱的机会，并最终抵达大月氏。然而，此时的大月氏已无意再与匈奴交战。经历一年的西域生活后，张骞在返途中再次被匈奴扣留，直至元朔三年（公元前126年），他才找到机会返回大汉，并获汉武帝封为太中大夫。

尽管张骞的首次西域使命未达成预期目标，他却带回了丰富的西域情报与资料。在第二次出使西域时，他成功开辟了一条避开匈奴直接通往西域的新路线，从而实现了对匈奴的战略包围。它从中国西南地区经缅甸，穿越印度，最终抵达西域（图2-23）。

2. 城市形态

我国古文献《管子》一书中关于古代城市建设有详细记载，特意强调了中国古代城市的理性精神：一是环境意识中蕴涵的因地制宜思想；二是规划中"天人合一"的理想境界；三是因势利导的设计综合表现（表2-6）。

表2-6　　　　　　　　　　　中国古代城市形态

形态	图例	特点
因地制宜		城市规划中常见，选址上，选择河流两岸或交汇处地势较高的地方居住；建筑群体布局上，按天体星象的位置——对应营建，所积累的理性经验和城市规划思想在宫殿、住宅、寺庙及陵寝中广泛运用，如唐朝的佛光寺
"天人合一"		城市形态应顺应自然规律，达到人与自然的和谐，例如，长安城的城市规划，轴线贯穿整个长安城，各种功能布局全面、系统，建设有绿化楼阁，是真正意义上的城市山林

形态	图例	特点
因势利导		利用天然的地貌与各种资源，或者采用化整为零、集零成整的规划方法，力求园林环境与自然风貌融为一体，如圆明园

3. 园林形态

"天人合一"理念是中国古典园林形成的重要的哲学根基，与西方园林对"理性自然"的推崇形成鲜明对比。在中国园林中，更加强调自然环境原有的生态特质，从而塑造出一种近似自然的园林风貌。

在园林的早期形态中，栽培果木、蔬菜的场所，称为"圃"（图2-24）。商周时期，出现了专门为王室狩猎而设立，用于豢养禽兽的场所——"囿"（图2-25）。在明代的园林学术著作《园治》中，有如此表述："虽由人作，宛自天开"，是对中国园林设计的精炼概括。古代的园林设计师们采用多样的设计手法，实现景观之间的变化、对比与层次感，以达成"移步换景"的视觉效果（图2-26）。

受中国传统士大夫的隐士思想文化影响，中国传统园林注重自然环境的体验，以及人工建置与自然山水的结合。与儒家的礼制思想形成对照的是道家"天人合一"的自然观，即把自然审美提到"畅神"的高度，超越"比德"的精神功利性，发现自然美自身的审美价值，真正进

图2-24《仙圃长春图》局部（陆治）

古代农耕作业还不发达，园林的最初形式为"圃"，以实用为主，主要种植一些可食用的果木菜蔬。

图2-25《南海子行猎》局部

囿是一种狩猎、游乐的园林形式，囿中有各种自然滋生繁育的草木和珍奇鸟兽，且仅限于帝王和王孙贵胄狩猎、游乐。

图2-26 苏州留园

（a）采用建筑窗户形态对室外景色形成框取，获得较完美的构图，这是留园中常见的艺术处理手法。
（b）在水池旁设计建筑——亭，满足人对大自然的向往与期待，游览过程中可作停留小息。

图2-24 | 图2-25
图2-26

（a）窗外水景　　　　　　　　　　　　　　（b）水景亭

图2-27 狮子林

（a）狮子林为苏州四大名园之一，景墙中设计入口，白墙灰瓦，造型端庄。
（b）狮子林园内"林有竹万，竹下多怪石，状如狻猊（狮子）者"，而得此怪名。又者将传统造园手法与佛教思想融合在一起，融禅宗之理，以假山著称。

（a）景墙

（b）水池与山石

入自然审美意识的高级阶段。对山水意蕴的敏感，影响着一批又一批的中国文人和士大夫对此心神向往，促进了中国传统山水诗画、游记、造园的高度发达，如南宋形成的西湖美景。

明清的园林成就融合了千年文化智慧、审美理念以及工艺技术的精髓。园林的布局构思、空间组织、景观构建以及细部装饰等方面，均展现出极高的艺术造诣。例如，园林中巧妙布置的厅堂、亭台、楼阁、馆舍等建筑，与自然山水交相辉映，营造出一种步移景异、层次丰富且多样化的审美意境。苏州的沧浪亭、狮子林（图2-27）便是此类园林艺术的典范。

★补充要点

中国四大名园（表2-7）

表2-7　　　　　　　　　　　　　　中国四大名园

四大名园	园林图	初建朝代	特点
拙政园		明朝	位于苏州古城东北角的一处园林，其整体设计顺应地形，以水景为主要视觉元素。园林内部，假山与庭院布局错落有致，厅堂、亭台楼阁尽显端庄。园内植被丰茂，花木繁茂，在江南地区颇具盛名
留园		明朝	位于苏州阊门外，旧时称为"东园"或"刘园"。园林建筑布局紧凑，建筑重檐相叠，屋脊交错，曲折的庭院与回廊错落有致，间隔恰到好处。园林内更有形态各异的奇石和山峰，充满江南地区的独特韵味
承德避暑山庄		清朝	位于承德市中心区域以北的武烈河西岸，建设在一片狭长的谷地之上，该处园林坐拥众多山峦，营造出一种园林内嵌山峰、山峰怀抱园林的别致格局
颐和园		清朝	位于北京市海淀区境内，其规模宏大，原是清帝王的行宫和花园，全园布局和谐，浑然一体，建筑依山而立，气派宏伟

二、中国传统园林美学

在中国传统景观文化中，园林美学映射了古人对自然与人文的和谐追求。起源于商周、秦汉时期的皇家园林，如"囿"与"苑"，至魏晋南北朝时期，逐渐孕育出了崇尚自然之美的山水园林。随着唐宋两朝的繁荣发展，山水与私家园林日趋成熟，形成了独具特色的文人写意园林。

在明清两代，园林艺术达到了顶峰，无论是皇家园林还是私人园林，均呈现出多样化的风貌。中国传统园林，作为一种立体化的山水景观或诗意空间，其意境营造和美学价值显著优于其他景观类型（图2-28）。

园林艺术的创作手法中，写意性成为中国传统园林的标志性特征。该艺术形式不仅是对自然景观的简单模仿，更是对自然之美的高度提炼与抽象。园林创作亦强调对自然景观的抽象化与重组，而非仅仅追求比例精准的实景复制，因此成为景象与意境的载体。

从园林的起源和理想模式上看，早在战国时期，民间就已流传许多神仙和仙境的传说，比较典型的有海外仙山"蓬莱、方丈、瀛洲"（图2-29）和"昆仑瑶池"。据《史记·封禅书》记载："自威、室、燕昭使人入海求蓬莱、方丈、瀛洲。此三神山者，其传在渤海中，去人不远。患且至，则船风引而去。盖尝有至者，诸仙人及不死之药皆在焉。其物禽兽尽白，而黄金白银为宫阙。未至，望之如云及到，三神山反居水下；临之，风辄引去，终莫能至云。"

据《山海经·海内西经》记载："昆仑之虚，方八百里；高万——百神之所在，在八隅之岩，赤水之际。"蓬瀛为秦始皇所建造，是中国园林史上第一个模拟海上仙山的建筑，至此这种虚构的仙山幻想，成为一种理想的仙境模式。与西方的神话之地"伊甸园"不谋而合（图2-30），都对园林产生了深远的影响。

图2-28 瘦西湖

《扬州鼓吹词序》一诗词中，词人吴绮曾曰："城北一水通平山堂，名瘦西湖，本名保障湖。"说的即瘦西湖，它因诗句"烟花三月下扬州"而闻名天下，也如诗词句描绘的那般"奇彩流光百媚呈"。

图2-29 蓬莱仙境图

传说中蓬莱是仙人居住的地方，是仙境。相传岱舆、员峤、方壶、瀛渊、蓬莱五座仙山坐落在归墟（渤海东部的一个大深渊），其中"蓬莱仙境"即指蓬莱仙山。

图2-30《亚当和夏娃在伊甸园中》

伊甸园是地上的乐园，也是西方神话中亚当和夏娃的住处。《圣经》记载伊甸园在东方，幼发拉底河、底格里斯河、基训河和比逊河这四条河从伊甸之地流出并滋润园里。

图2-28
图2-29 | 图2-30

（a）二十四桥

（b）五亭桥

（a）水景

（b）入口牌坊

图2-31 沧浪亭

（a）沧浪亭原是苏州文人苏舜钦的私人花园，园林由山石、复廊及亭榭绕围，建于湖中央。

（b）从入口向内可见到层次丰富的绿化，与建筑、水景、山石交替成景。

图2-32 吉萨金字塔群（大金字塔）

吉萨金字塔群反映出当时的数学、几何等科学的进步及建构技术的发达。

图2-33 卡纳克阿蒙神庙

卡纳克和鲁克索是两处规模最大的阿蒙神庙，从卡纳克阿蒙神庙开始到鲁克索阿蒙神庙之间的石板大道两侧密排着圣羊像，巨大的形象震撼人心，压抑之感顿生，让人备感崇拜。

★补充要点

苏州四大名园

苏州四大名园指沧浪亭、狮子林、拙政园及留园，分别代表宋、元、明、清四个时期的园林风格，汇聚了江南园林建筑艺术的精华。

沧浪亭以水榭与筑亭而闻名（图2-31）；而狮子林假山错落，怪石嶙峋；拙政园展现出古典园林的韵味，留园不仅是苏州地区的知名园林，更是我国园林艺术的瑰宝，其园内建筑布局巧妙，奇石点缀其间。

第三节　国外环境艺术设计

一、古欧洲环境艺术设计

1. 古埃及

众所周知，古埃及是西方文明的发祥地，以陵墓建筑和宗教建筑而声名远播。由于当地日照强、炎热干旱，古埃及人擅长运用有限的树木和水体资源来营造阴凉湿润的环境。古埃及也有自己的象形文字系统、完善的政治体系及多神信仰的宗教系统，其统治者称为法老，古代埃及国王的陵墓又被称作金字塔。

古埃及的代表性陵墓与宗教建筑包括吉萨金字塔群（大金字塔）（图2-32）、卡纳克阿蒙神庙（图2-33）。这些建筑不仅展现了古埃及数学、几何等学科领域的成就，也体现了当时建筑技术的先进水平。其中，法老的金字塔陵墓规模宏大，最受瞩目，其中包含146米高的主金字塔。金字塔所采用的石构技术，具有坚固性与耐久性，随着时间的推移成为西方建筑中的一种基本材料。卡纳克阿蒙神庙作为宗教建筑群之一，其内部神秘而幽暗，注重空间布局的轴向对称，揭示出古埃及早期宗教中多神崇拜的特色。在古埃及园林的初期阶段，主要的设计元素以树木和植被为主，设有广阔的水池，池边用花岗石修筑驳岸，并种植了荷花与纸莎草，同时养殖象征神圣的鳄鱼。

★补充要点

古埃及金字塔

约公元前3500年，在尼罗河谷地的诸多奴隶制城邦逐渐沿河岸兴起。约公元前3100年，这些城邦趋向统一，奠定了古埃及王国的基石。该国的统治者，即法老，被视为神的代表，享有无上的权威。在其生前，法老会建造宏伟的金字塔作为陵墓，用以彰显其权力与地位，并在身后安眠于此。这些金字塔因其形状类似于中文"金"字的大写而得名。它们不仅是埃及文明的象征，也被列为世界七大奇迹之一。迄今为止，埃及已发现金字塔总计96座，位于开罗郊外的胡夫金字塔是现存最大的三座之一，旁边有一座狮身人面像守护着这些法老们的永恒安息之地。

2. 古罗马

古罗马先后经历了城邦时代、共和时代和帝国时代，由一个意大利的小城邦扩展而成为拥有辽阔疆土的多元化民族。在常年的征战过程之中，古罗马人由对自然的崇拜转投向对帝王英雄的崇拜，并将快乐主义和个人主义作为他们

图2-34 万神庙

图2-35 角斗场

的思想内核，更加倾向追求浮华的世俗化。

古罗马将其首都视为世界中心，因此，其建筑与园林风格强调对称性、秩序感以及复杂的美学特质，追求以正交轴线为中心及对四周边界的明确划分。此外，古罗马人在建筑领域的一项重要创新是火山泥的发现与应用，罗马人利用其物理属性，研制出了天然的混凝土，借助这种材料建立起宏伟的宫殿和庞大的城市。

典型的建筑代表有古罗马万神庙（图2-34）、著名的角斗场（图2-35）。古罗马万神庙为单体建筑，规模尺度宏大，内部构造井然有序，外部环境极具个性；而角斗场恰恰反映出了当时古罗马人好斗、喜群聚活动的性格，建筑环境具有非常强烈的中心聚集感与领域性，为古罗马的象征。

古罗马建筑表现出明显的偏向军事化、世俗化、君权化。"军事化"具体表现为修建战争防御系统、桥梁、输水等先进的战略设施；"世俗化"与"君权化"具体表现为修建公共浴池（图2-36）、斗兽场、宫殿、剧场等功能空间，在城市街道主干道的起点和交叉处常设置有纪念性的凯旋门（图2-37），重要地段设置整齐的列柱，其宏伟壮观彰显着一种英雄主义气概。

★补充要点

哈德良离宫

公元114～138年，罗马帝国皇帝哈德良下令建造了哈德良离宫（图2-38）。该离宫坐落在两条河流交汇的复杂地形上，通过构建多个平面来容纳不同的建筑群体。

该离宫模仿哈德良各地喜爱的建所做，其内部包含了宫殿、庙宇、浴场、图书馆、剧场、敞廊、亭榭、鱼池等多种设施，布局巧妙，设计细腻，尽显奢华之风。据考古学家研究，已知的建筑中包含了35座水厕、30个单嘴喷泉、12个莲花喷泉、10个蓄水池、6座大浴场以及6个水帘洞。

3. 古希腊

古希腊是一个地理概念而非国度，其位于东南欧，濒临地中海东北部，享有优越的地理位置及温和的气候条件。作为西方文化的重要发源地，古希腊社会以海外贸易、殖民活动及文化经济交流为特色，经济富庶、科技先进。其社会风貌展现出理性思维的高度发展，强调平等的民主制度，审美趣味倾向于健康与力量，由有擅长辩证的哲学传统。

典型的建筑代表有古希腊雅典卫城（图2-39）。雅典卫城是古希腊鼎盛时期的杰出之作，是以神庙建筑为主体，集城市建筑、城市规划为一体的古建筑

图2-36 公共浴池
图2-37 凯旋门
图2-38 哈德良离宫

图2-36 ｜ 图2-37 ｜ 图2-38

图2-39 雅典卫城遗址

（a）伊瑞克提翁神庙以独特的女像柱闻名，六根高2.3米的大理石少女像柱以束腰长裙和永恒微笑支撑神庙顶部，巧妙利用发髻与花篮平衡力学与美学需求。其不对称的平面布局和爱奥尼亚柱式展现了古希腊建筑师对创新的追求。

（b）狄奥尼索斯剧场位于雅典卫城南坡，是最古老的剧场之一，建于公元前6世纪，最初用于酒神祭祀。剧场呈半圆形，可容纳约1.5万名观众，根据社会地位分区就座。其天然地势与建筑结构赋予极佳音响效果，无需扩音设备即可清晰传声。

（a）伊瑞克提翁神庙

（b）狄奥尼索斯剧场

群。雅典卫城不仅居于山丘之上，且四面围护着坚固的防护墙，易守难攻，也是古代希腊人战争避难的场所。雅典卫城顺应其地形特征，将山冈、大海与城市建筑关联起来，将周围环境带进完整的和谐状态，是西方古典建筑群体组合的最高艺术典范。

古希腊人崇拜林木，在神庙周围利用天然林木或人工形成圣林与神苑景观，并将园林环境引入他们的私家居所，开始发展为绿化、雕塑、建筑一体的艺术性园林，在罗马帝国时期长远地发展了下去。

4. 意大利文艺复兴

1453年，拜占庭帝国覆灭，这一事件导致大量学术精英以及古希腊和古罗马的文化遗产涌入意大利，从而极大地推动了当地人文主义思想的传播与互动。

意大利在中世纪晚期占据了东西方贸易路线的关键位置，由此催生了众多繁荣的商业城市。在这一时期，"人文主义"作为一种代表新兴社会阶层意识形态的思想，迅速成熟。与此同时，德国的宗教改革运动对罗马教廷的权威构成了沉重打击，打破了天主教在西欧长期维持的学术与思想束缚。在该背景下，古典艺术风格在环境艺术中得到了复兴，特别是在建筑、雕塑和绘画领域。这些艺术形式作用在单体建筑、城市广场以及理想城市的设计中，以清晰的几何图形和集中的空间为特征，体现了人类理性精神，对欧洲的建筑风格产生了深远的影响，以佛罗伦萨大教堂（图2-40）和枫丹白露宫（图2-41）为典范。

意大利文艺复兴时期的园林景观讲究以人为中心、规则美及建筑美，力求使大自然服从于人的意志。景观布局呈正中轴型，植物修剪整齐，几何图案的渠池以及直线、弧线的台阶，园路、矮墙在主轴上串联或对称呼应，讲求精致的人为艺术构图。

图2-40 佛罗伦萨大教堂

综合了古罗马与哥特建筑的工程技术与古典美学原则，具有体量宏大、色彩鲜艳的特色。

图2-41 枫丹白露宫

是法国最大的王宫之一，有众多的寓意画、水果装饰品、花环彩带和丰富的石膏花饰、雕塑品。

图2-40 图2-41

二、十七八世纪的欧洲环境艺术设计

1. 巴洛克

至欧洲文艺复兴运动过后，随着天主教的传播，直到十七八世纪时期，欧洲开始盛行巴洛克艺术风格。其影响远及拉美以及一些亚洲国家。

巴洛克作为一种新兴的艺术风格，在时间、空间上都影响颇为深远。它不再局限于文艺复兴思想的理性思维与重复的形式，而是尝试在创作中运用想象力和灵感，从而形成了巴洛克艺术风格。这种风格打破了文艺复兴时期的严肃与拘谨、含蓄与均衡、豪华与气派（图2-42），转而更加注重强烈情感的表现，其热烈紧张的气氛具有戏剧性、刺人耳目、动人心魄的艺术效果（图2-43）。

文艺复兴时期与巴洛克时期的建筑形态的最大差异为：文艺复兴时期的建筑平面图多采用正方形、圆形及十字形等基础几何形态，整体简约规范；巴洛克时期的建筑绘画则表现出更为显著的自由度和创新性，其特征在于椭圆形、橄榄形、规则波浪状曲线、反曲线以及由复杂几何形态演变而来的更为丰富的图形，避免了静态与呆板。在巴洛克艺术的熏陶下，教堂、宫殿及广场的设计融合了各地文化特色，呈现出多样化的风貌。例如圣卡罗教堂（图2-44）与圣彼得堡大教堂等建筑（图2-45）。

2. 法国古典主义

巴洛克艺术在意大利盛极一时，而法国古典主义却走了另一条发展道路。在17世纪后期，路易十四统治下的法国成为继古罗马帝国后欧洲最强大的君主政权帝国，王权至上的观念进一步发展、扩大。最终形成了更重视人们理性思维、系统观念以及严密形式法则的法国古典主义。

在公元六世纪，古典主义思潮还未在法国盛行。这时，园林主要是实用性的，一般用于种植可供食用的植物，如瓜果蔬菜。12至18世纪，在诸多战事、文艺复兴的洗礼以及政治变革的冲击下，法国园林艺术展现出新的风貌。在这一时期，园林设计风格开始引入对称性原则，但其应用并不彻底，细节处理有些零散。该时期的法国园林吸收了意大利园林的某些元素，使自

图2-42 文艺复兴时期壁画

图2-43 巴洛克时期建筑

图2-44 圣卡罗教堂

经典的巴洛克建筑，修道院内部有着精美的壁画，图书馆藏有无数的中世纪手稿。

图2-45 圣彼得堡大教堂广场

是巴洛克艺术大师贝尼尼的作品，巴洛克时期最重要的代表性建筑，也是罗马基督教的中心教堂，教堂平面为希腊十字，方尖碑耸立在圣彼得广场中央。

图2-42	图2-43
图2-44	图2-45

身获得创新和发展。

17世纪，法国古典主义园林风格在凡尔赛宫苑的全面建成之际达到巅峰。该设计出自路易十四时期的园林设计师安德烈·勒诺特尔之手，园林整体严整壮观、协调一致，强调轴线对称与主从关系。进入18世纪后，法国古典园林风格受到了中国和英国园艺的影响，风格发生了转变，与自然景观更为贴近。法国园林艺术起源于建筑师的设计理念，其古典园林风格深受建筑学的影响。众多不朽的建筑遗产，包括闻名世界的卢浮宫（图2-46）、巴黎圣母院（图2-47）以及凯旋门（图2-48），均展示出法国建筑艺术的高度成就。

★补充要点

卡比多市政广场（图2-49）

卡比多市政广场也被称为市政广场。其设计出自文艺复兴三杰之一——米开朗基罗之手。

卡比多市政广场采用对称的梯形结构，前方设计为全开放空间。广场整体风格严谨，中央轴线尤为突出，周边建筑的底层设有开放式的柱廊，这一设计理念为米开朗基罗的独创。

图2-46 卢浮宫博物馆

（a）卢浮宫原为法国王宫，建筑正门入口处有一个标志性的透明金字塔建筑，由著名华人建筑师贝聿铭设计。
（b）经多年大规模整修，转变成收藏有丰富的古典绘画和雕刻的专业博物馆。

图2-47 巴黎圣母院

（a）这是一所位于巴黎市中心的著名教堂建筑，属于哥特式建筑形式。
（b）巴黎圣母院建筑细节雕刻精美绝伦，层次丰富，为哥特式风格。

图2-48 巴黎凯旋门（建筑师夏格朗设计）

（a）巴黎凯旋门也称作雄狮凯旋门，拿破仑为纪念、迎接日后凯旋的法军将士而修建，门楣上还刻有拿破仑指挥的所有大型战役的名字及法国革命战争的名字。
（b）浮雕内容丰富，人物形体与姿态表现细腻真实，是帝国风格的代表建筑。

图2-46
图2-47
图2-48

（a）外部鸟瞰

（b）内部展厅

（a）建筑景观

（b）建筑细节

（a）立面外观

（b）浮雕

图2-49 卡比多市政广场

三、印度与两河流域的环境艺术设计

1. 印度

在《大唐西域记》中，唐代僧侣玄奘大师在巡访天竺国（古印度）之际，曾如此描绘当地的景象："居人殷盛，池馆花林，往往相间。"公元前5世纪，雅利安人引入了"大陀文化"从而催生了佛教。印度的环境艺术深受佛教文化的深刻影响，直到11至15世纪，伊斯兰教的传入才改变了这一格局。

宗教文化的强烈渗透导致世俗生活被忽视，从而催生出石窟建筑。印度的佛教石窟建筑（图2-50）即为一种宗教建筑的表现形式，僧侣们往往在深山峡谷的隐蔽处开凿石窟，作为修炼之所。石窟建筑在三面石壁凿出若干规整的修行室，并在中央开辟一方形大厅，以柱子作为支撑。随着佛教的传播，石窟艺术在亚洲各地得到继承，中国现存的诸多古老石窟便是模仿印度石窟而开凿的典范。

受宗教的影响，环境艺术表现出强烈的"中心"意识。最典型的佛教建筑就是印度的桑奇窣堵坡（图2-51），其主体为半球形的穹顶，四周围以石栏，顶部为石柱阵，象征着菩提；在石栏上雕刻着佛教故事，人们欣赏故事，空间在佛教故事中得到了升华。

2. 两河流域

两河流域是世界上文化发展最早的地区（图2-52），世界上第一座城市便建造于此。两河流域是指底格里斯河与幼发拉底河之间的美索不达米亚平原，这里的土地肥沃，地形宽阔，形似一弯新月，也称被作"新月沃地"。

历经沧桑巨变，这片土地见证了苏美尔王朝的兴衰，亚述帝国的辉煌，阿卡德王国的崛起与消亡，古巴比伦王国的繁荣，新巴比伦王国的再次辉煌，以及波斯帝国的扩张。在漫长的历史进程中，多民族聚居使文化交织融合，推动了天文历法、几何与代数、文学、艺术以及建筑设计的进步，对后世产生深远影响。

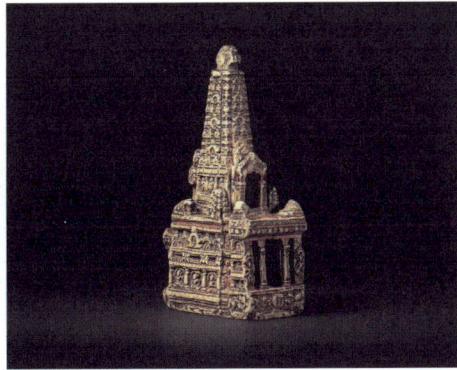

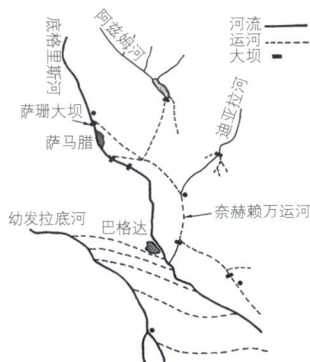

图2-50 埃洛拉石窟

图2-51 桑奇窣堵坡

图2-52 两河流域位置

图2-50 | 图2-51 | 图2-52

★小贴士

"空中花园"

"空中花园"是全球七大奇迹之一（图2-53），花园是巴比伦国王为治疗妃子因思乡病而建，现已不复存在。在古希腊历史学家狄奥多罗斯的描述中，该建筑以逐层递减的方式构筑于不同高度的台层之上，每层均布满了带拱廊的建筑，台面上遍植各类树木与花草，从远处望去，仿佛悬浮于空中。空中花园依托四层平台，采用立体园艺技术打造而成。园中植被丰富多样，且配备了一套手动灌溉机制，由奴隶们驱动。远观，这座花园宛如在半空中悬浮。

四、近代环境艺术

18世纪末到19世纪初，受英国公园运动和美国公园设计影响，园林形态开始发生改变。英国公园运动注重城市引入乡村的风景，改变城市中的街道和点状的广场。受英国公园运动的影响，美国在城市规划中引入了大型的城市公园，典型代表有纽约的中央公园（图2-54）。

19世纪末至20世纪初，随着玻璃、钢材以及混凝土等创新材料的发明与应用，设计领域迎来了深刻的变革。在这一时期，西方环境艺术在技术和经济高速发展的背景下蓬勃发展，不同艺术门类间相互借鉴，设计领域步入了一个全新的发展阶段。

在人口增长和资产阶级革命的推动下，普通民众获得了改善自身生活环境的权利，公共卫生、环境保护以及城市美化运动等举措逐步塑造出现代城市的面貌。其中，巴黎的都市改建计划最具代表性，其影响力甚至扩散至欧洲其他地区。在巴黎的改建中，城市南北与东西方向上的主要轴线得到加强，形成多个节点空间。东西轴线上的节点包括星形广场、香榭丽舍大道（图2-55）、协和广场（图2-56）以及丢勒里花园。通过将街道建筑立面设计为古典复兴风格，将巴黎打造成一个美丽的近代城市。

图2-53 巴比伦"空中花园"（复原图）

（a）空中花园形态高耸端庄，内部功能构造齐全，周边航运便利。

（b）最顶层为宫殿，供国王和王后居住，花园环绕的周边种植着各种植物，形成层次丰富的绿化景观。

（c）空中花园之所以能被称为奇迹，其独特的水利系统起到了关键作用。复原图中采用了巧妙的水泵系统，将幼发拉底河的水引入花园。这套系统由一系列的渠道、水槽和喷泉组成，保证了花园中植物的生机勃勃。

（a）外观

（b）鸟瞰

（c）建筑造型

图2-54 美国中央公园全景

设计师奥姆斯特德率先提出以建筑结合自然风景的景观建筑学概念，在近现代建筑学发展中，人们不断将其完善。

图2-55 香榭丽舍大道

又被称为凯旋大道，横贯首都巴黎的东西主干道，位于卢浮宫与新凯旋门连心中轴线上。

图2-56 协和广场

是法国最著名的广场，呈八角形，埃及方尖碑矗立在广场的中央，其位于塞纳河北岸，巴黎中心。

图2-54 | 图2-55 | 图2-56

第四节　案例解析：中国传统生态环境保护理念

现代生产力的高速发展，迫使人类对生态系统的需求急剧增加，致使人类不断地大规模地向大自然索取，导致当前社会出现了空气污染、水质恶化、气候变暖、资源匮乏等一系列的生态环境危机。在中国博大精深的传统文化宝库中，蕴含着许多关于生态环境保护的理念和思想，发人深省，值得现代人类学习借鉴。

一、天人合一

儒家哲学的主要理念在于"天人合一"的哲学思想。在这一思想体系中，儒家将"天"视为一种具备自律运行机制的实体，认为自然界的运作是独立而有序的，宛如一个充满生机的有机体。人类作为天地间的产物，顺应这一自然秩序，与万物相互联系，形成一个密不可分的整体。在此框架下，儒家强调人类与自然环境的密切互动，主张和谐共生（图2-57）。

二、重物节物

儒家思想认为，节制欲望是一种重要的德行，重视自然资源的合理利用与可持续发展，从而引导自然资源的生产与开发步入良性循环。儒家思想提出了"节用而爱人，使民以时"的理念，强调在对待自然资源时应采取审慎的态度，阐述"万物各得其所而生长，各遂其养而成"的观点，并在"草木繁茂生长之际，不伐木不伤生，不阻其生长"中，表述人类顺应自然法则的重要性。儒家主张合理地利用万物，才能确保自然界的万物按照规律生长（图2-58），进而保证自然资源的可持续利用。

图2-57 豫园

（a）中国古代园林是中国传统文化的重要组成部分，其特色鲜明地折射出中国人自然观、人生观和世界观的演变，蕴含了儒、释、道等哲学或宗教思想及山水诗、画等传统艺术的精华。
（b）园林凝聚了中国知识分子和能工巧匠的勤劳与智慧，体现了古代"天人合一"的造园意境。

（a）建筑水景

（b）穿廊

（a）园内门廊　　　　　　　　　　　（b）穿廊台阶　　　　　　　　　　　（c）瓶形景墙门

图2-58 豫园内部自然景观

（a）古代园林造景常用到光怪陆离的假山石、坚韧不拔的竹林、挺拔傲骨的松柏等自然资源，构成一个供人们观赏、游息、居住的环境，也是为了补偿人们与大自然环境相对隔离而人为创设的"第二自然"。
（b）穿廊顺应地形地貌修建，通过台阶形成具有层次感的交通流线。
（c）瓶形景墙门是界定园内区域的最佳建筑构造，从瓶形景墙门的一侧看向另一侧，能获得良好的景观审美构图。

三、道法自然

在道家哲学中，自然环境被视作遵循一定法则的存在，这一法则被称作"道"。宇宙间的所有事物，包括自然界、星辰、人类，均源自"道"的孕育。尽管万物各有差异，它们却在"道"的统御下，形成一个相互依存、协同运作的有机体系。道家强调，唯有人类对生命抱以尊重，对万物持有善念，才能实现人与自然环境的和谐共生（图2-59）。

道家还认为"道"具有自然无为的特性，人应顺应天道的规律来规范自己的行为，人与自然万物共生共荣，强调天、地、人之间的生态平衡关系（图2-60）。

四、传统生态环保理念对现代环保工作的启示

在中国的传统文化观念中，儒家、佛家及道家三大流派均倡导人与自然、社会的和谐共生，认为人类需对自然怀抱尊重与爱护，遵循其法则并合理利用自然资源（图2-61）。儒家提出的"天人合一"理念，提醒世人维护生态环境与自然资源实质上是在维护人类自身的福祉。该理念指导人们正确理解和协调个人与他人、社会与自然、局部与整体、当前与长远利益之间的关系，并强调可持续发展的重要性。

五、案例总结

中国传统文化中保存着"内在而为诞生的最充分意义上的科学"，中国博大精深的传统文化在全世界范围内都有着重要的影响力。推进现代生态环保工作，以中国特色的传统环保理念"天人合一""道法自然""利乐有情"的哲学思想为启示，对落实可持续发展战略，构建"环境友好型"社会有着重要的启迪意义。

本章小结

本章详细解读了环境艺术设计的起源及中外环境艺术设计的发展历史，让读者能够体会到世界各国环境艺术设计的伟大创造和光辉成就，感受到世界各国在各个历史时期环境艺术设计的特色和民族风格。应从世界设计文化中借鉴其卓越的设计意匠和方法，并将学术性、知识性、趣味性融于一体。

图2-59 人与自然生态环境协调发展

崇尚自然是道家思想的基本特色

图2-60 人与自然万物共生共荣

对于当代环境保护意识的建立，对于合理而有节制的开发利用资源，都具有十分重大的现实意义。

图2-61 千年潜山黄泥镇

（a）黄泥镇作为古代边界重镇，"一脚踏三县，一帆通四海"（与潜山、太湖、怀宁三县接壤），相传源于明初洪武的一次大迁徙，才有了现今历史久远的传统古镇。

（b）可以看到墙面斑驳的历史痕迹，一代人的老去、一代人的活跃，几经变迁，古镇的"气息"早已侵入一代又一代人的骨髓，根深蒂固，也因此至今人们仍然能够感受到它深厚的文化底蕴。

（c）清朝后期，国内太平天国农民起义与西方列强不断入侵，使得黄泥镇多次成为战场，在民国书卷《潜山县志》《曾国藩全集》《胡林翼全集》等皆有记载，而至今古镇还保留着营盘的遗址。

（d）古镇狭窄的街巷随处可见自家晾晒的传统手工工具，这里的居民将古人的劳动智慧沿袭至今，包括各式风格的院落和建筑，具有极高的保护与研究价值。

图2-59 | 图2-60
图2-61

（a）主要街道　　　　　　　　　　　（b）墙面

（c）遗址建筑　　　　　　　　　　　（d）次要街道

课后练习题

（1）现代主义建筑与室内设计的代表人物有哪些？他们提出的设计理念有何不同？

（2）中国古典园林与景观设计各时期的特征是什么？

（3）中国传统环境艺术中的城市形态反映了哪些设计思想？

（4）结合国外环境艺术设计发展历程，分析时代主流文化对环境艺术设计的影响。

（5）中国传统文化中有哪些对生态环境的保护理念？

（6）考察附近公园，思考如何将新时代中国特色社会主义思想融入环境艺术设计中，完成一套街头小型公园设计方案。

第三章

环境艺术设计理论与设计原则

识读难度 ★★★★☆

重点概念 理论基础、形态要素、形式法则、设计原则

章节导读 探讨、研究美的形式法则，是所有设计学者的共同课题与终生事业。设计的形式法则理论不是一个独立存在的个体，也不是一蹴而就的，而是结合了美术与建筑的审美经验从而逐渐发展形成的（图3-1）。本章通过对环境艺术设计作品的阐述与分析，结合设计的理论与设计美学原则，让大家更好地了解设计的形态要素，掌握设计的形式法则。

图3-1 西班牙广场

环境艺术设计理论基础
  主要内容
  研究对象
  理论基础

环境艺术设计形态要素
  形体
  色彩
  光影

环境艺术设计理论与设计原则

环境艺术设计形式法则
  比例与尺度
  节奏与韵律
  均衡与稳定
  主从与中心

环境艺术设计原则
  以人为本原则
  整体性原则
  地方性原则

案例解析：环境艺术设计色彩分析
  色彩搭配分析
  色彩表现与材质选择
  色彩装饰性分析
  案例总结

第一节　环境艺术设计理论基础

一、主要内容

环境艺术设计涉及诸多学科内容，涵盖建筑设计、室内设计、公共艺术设计、城市规划以及园林景观设计等（表3-1）。在该领域中，城市规划与现代城市规划的观念存在差异，环境艺术设计中的城市规划更强调对具体空间形态的构建，重点关注空间形态艺术与人类知觉心理的互动；而现代城市规划则更倾向于关注社会经济因素及城市整体发展规划。

表3-1　　　　　　　　　　　　环境艺术设计的主要内容

主要内容	设计图	定义	具体分类内涵
建筑设计		建筑物与构筑物的结构设计、空间布局、造型特征以及功能性设计，所涉内容涵盖建筑工程设计与建筑艺术设计等方面	建筑工程设计是以解决人类生存场所（建筑）为目的，通过技术手段达到承重、防潮、通风、避雨等功能；建筑艺术设计则通过艺术思想研究建筑所展现的风格和形态
室内设计		建筑物内部的空间构成、功能要求、样式风格的设计	按照使用类型分为居住空间、办公空间、公共空间、展示空间四大类型
公共艺术设计		在开放性公共空间中进行的艺术创造与相应的环境设计	包括街道、公园、广场、车站、机场、公共大厅等室内外公共活动场所，设计主体是公共艺术品及市政设施
城市设计		城市社会的空间环境设计，以提高空间的环境质量和生活质量	包含社会系统、经济系统、空间系统、生态系统、基础设施等几个方面
园林景观设计		建筑工程设计主要应对人类对居住空间的需求，其核心目标在于构筑满足生存需求的场所，工程师们运用先进的技术方法，确保建筑具备承载、防潮、通风以及避雨等功能；建筑艺术设计则侧重于探究建筑物的风格与形态，借助艺术理念来彰显其独特的审美价值	包括视觉景观形象、环境生态绿化及大众行为心理三个核心要素，并在此基础上，显示出城市规划、建筑学、维护管理、旅游开发、资源配置、社会文化以及农林复合等领域之间的交叉融合特征

二、研究对象

环境艺术设计以满足某种实用功能为前提，而实体是实用功能的载体。因此，环境艺术设计的研究对象便是实体，狭义上，实体主要是指人能进入其内，能够遮蔽风雨、起围合作用的空间。广义上，实体包含了人为环境中的所有建构，可分为以下四大类（表3-2）。

表3-2　　　　　　　　　　　环境艺术设计的实体研究对象

环境艺术设计的实体研究对象	设计图	内涵
建筑实体		建筑具有功能性、时空性、民族性与地域性等特征，在环境艺术领域内扮演着至关重要的角色。它不仅定义了场所的属性，对于建筑所采用的材料、技术、形式以及功能等方面也进行了研究
构筑物		指人们不直接在其内生产和生活但却能为人们提供休憩、停留场所的人为构筑实体，其围合程度远低于建筑实体，在尺度、材质、造型上灵活多变，具有通透性、互动性强的特点，如亭、桥、廊等
标识物		指具有象征意义的建筑构件或符号，如牌坊、雕塑、壁画等，标识物为建筑物与环境注入了灵魂，使其更具文化内涵
附属设施		和人的行为密不可分，也是环境艺术中重要的实体研究对象，包含座椅、电话亭、垃圾箱、装饰小品等

三、理论基础

1. 环境生态学

环境艺术设计的作用不仅是满足人们现实生活中的需求，更体现在它对实际问题的解决策略。目前，环境的生态问题日益严峻，在这样的挑战下，对于解决办法的研究和探索催生了环境生态学这一学科。

环境生态学是一门涵盖广泛的交叉学科，探讨在人类活动影响下，生态系统的内在变化机制、规律以及其对人类社会的反馈效应。该学科致力于探索受损生态系统的恢复、重构及生态保护的策略，以寻求可持续的生态平衡。

技术水平的增长致使人类掠夺性地开发自然资源，导致大自然的自我调节能力下降，人与自然的关系失去平衡（图3-2）。因此，我们必须运用环境生态学的原理和方法来认识、分析和研究城市生态系统及环境的问题，运用已掌握的科学技术为保护生态提供服务（图3-3）。

2. 环境行为心理学

环境行为心理学主要探究建筑环境与人类个体行为、感知及情绪之间的互动联系。该研究范畴涵盖了人类行为与人工环境、自然环境的互动，以及物理环境与人类行为、经验之间的复杂关系。此学科融合了心理学、社会学、地理学、文化人类学、城市规划、建筑学及环境保护等多个学术领域的理论，展现出其广泛的应用潜力和学术研究价值。研究的核心在于人，将人视为物质环境（包括城市、建筑和自然环境）中的核心主体，深入剖析人在不同状态和环境中的行为模式。

在此基础上，环境设计遵循以人为本的原则，注重对个体心理体验和行为特征的探索。设计过程从人的感知、认知心理学角度出发，结合人类在环境中的感知理论，对场所属性进行判定。

在以人为本的设计原则下，环境设计主要顺从人的感觉，重视对人的心理感受、行为特点的研究，从人的感觉、知觉与认知等心理学范畴出发，结合人在环境中的知觉理论，对场所的特性进行新的认识。

例如，从个体上说，噪声、拥挤和空气质量对人体身心健康的影响（图3-4）；从群体上说，个体与群体的相互关系在空间上的运用（图3-5）。

最终，扩大到对整个城市环境的认知和城市环境的体验，从而形成环境心理学的六种理论框架，包括唤醒理论、环境负荷理论、应激与适应理论、私密性调节理论、生态心理学和行为情境理论、交换理论。

3. 建筑人类学

建筑是环境艺术设计的核心要素之一。建筑不仅是人类物质文明发展的标志，更反映了人类在历史长河中对世界进行改造的思维方式和实践手段，进而促进了文化的演变。

研究建筑人类学之前要先了解文化人类学。文化人类学专注于挖掘人类社会的文化表现，其研究成果为包括建筑学在内的众多应用学科提供了理论基础。尤其是在建筑的历史研究和创作实践中，文化人类学运用全新的思考维度，将建筑视为一种文化现象，将其研究与整个文化

图3-2 生态水系遭破坏

工业废水和城市生活污水超标排放，湖海生态水系遭到严重污染，当地志愿者清理受污染的湖面。

图3-3 恢复生态平衡的西流湖

治理后的西流湖，水质变得清澈，浮萍藻类消失，生态环境得到了改善。

图3-4 在建筑围合结构较明显的区域，噪声、拥挤和空气质量会对人体身心健康造成一定的影响。

图3-5 在户外公共空间，人的个体与群体之间的相互关系会时而紧密，时而疏远，形成流动与变化。

图3-2	图3-3
图3-4	图3-5

背景相联系（图3-6）。通过文化人类学的理论，可以深入剖析传统习俗与建筑形式、文化模式与建筑风格、社会结构与建筑形态之间的内在联系，进而明确建筑人类学的内涵和范畴。

建筑人类学的研究范围覆盖了社会文化的众多层面，包括但不限于人类习俗、信仰体系、日常生活、审美理念以及个体与社会的互动（图3-7）。在我国，在传统建筑风格的研究、建筑历史与探讨，以及建筑设计的创新实践中，均可发现建筑人类学思维方式的体现。特别是在环境艺术设计方面，建筑人类学对文化因素在设计中的运用方法进行深入剖析，其研究成果对于环境艺术设计领域具有重要的参考价值。

4. 环境美学

环境美学也可称作"应用美学"，指有意识地将美学价值与准则贯彻到日常生活中。环境并非在人类世界之外，也设有表面的地理边界，从抽象理论和具体情境这两个层面，美学将帮助我们来感悟自然与人的关系，且它们之间密不可分。

在设计时，应将自身融入自然环境，在人与自然的交流中深刻体会美学共同体的存在（图3-8）。环境美学的核心在于将环境本身视为审美的对象，强调人与大自然的互动，在人与自然之间的密切接触中加强审美认知。在欣赏自然之美的过程中，人类的审美体验远不止于视觉上的愉悦，它还涵盖嗅觉、触觉、听觉和味觉。人类不仅是自然整体的一个要素，同时也是一种纯粹意识的载体。这种对自然的全面感知和融入，超越了简单的视觉享受，形成了身体与心灵的整体共鸣。

图3-6 黑龙潭

（a）关于黑龙潭还有一段神话传说，相传古时候黑龙将白龙潭让给弟弟白龙，自己孤身来到此地勤勤恳恳地耕种，云蒙老祖感念黑龙憨厚勤快，送给他一条彩带和十八条珍珠，黑龙将珍珠撒在此地，由此形成十八个奇潭。许多建筑都有自己的文化标记，也是文化的一部分。
（b）建筑造型细腻丰富，在平静的水面上形成清晰的倒影，成为自然环境主要审美景观之一。

图3-7 泰国清莱府灵光寺（白庙）

（a）"白色代表了纯洁，闪闪发光的玻璃片是智慧的象征"，佛寺庙堂外部以镜子的碎片作为装饰，内部有巨幅佛像壁画，整个建筑充满现代化风格，完美地诠释了佛教的含义、佛教的精华及佛教的智慧。
（b）雕塑造型真实细腻，结构复杂，在蓝天白云衬托下显得自然朴实。

图3-8 中国昆明世博会园博园

（a）昆明世博会园博园的孔雀景观，不仅仅是展示孔雀的美，更是传承孔雀文化的重要载体。在这里，游客可以了解到孔雀在我国传统文化中的地位和象征意义，感受到孔雀文化的魅力。
（b）船体景观的设计风格多样，具有传统木船的古典韵味，装饰华丽。在阳光照耀下，船体上的花卉图案和色彩更加鲜明，引人入胜。

图3-6
图3-7
图3-8

（a）主景

（b）建筑与水面

（a）远景

（b）雕塑

（a）孔雀景观

（b）船体景观

意识产生功能 → 功能决定形式 → 形式反映意识

图3-9 环境艺术的形态、意识、功能的构成

图3-10 具象形态

第二节 环境艺术设计形态要素

一切造型艺术都要对"形态"进行研究，"形"意为"形体""形状""形式"；"态"意为"状态""仪态""神态"。形态也就是指事物在一定条件下的表现形式，它是因某种或某些内因而产生的一种外在的结果。

形态、色彩、肌理等形态是构成环境艺术的核心要素。这些要素与功能、意识等内在维度之间存在一种互为补充的协同关系。形态作为外显的造型特征，扮演着传递设计对象功能及意识等深层次内容的直接载体。其生成过程不受实际使用需求的限制，对人们的意识形态的形成直接产生影响（图3-9）。

造型因素中的形态有两个方面的意义：一方面是指某种特定的外形，是物体在空间中所占的轮廓，自然界中一切物体均具备形态特征，另一方面还包括物体的内在结构，是设计物内外要素统一的综合体。

形态分为具象形态与抽象形态两大类。具象形态是指那些直观存在的物理形态，这类形态通常可在自然界中直接观察和体验，构成人们的感知的直接对象（图3-10）；抽象形态则是指那些非直观的、经过人类思维加工和抽象的形态。这类形态以人工创作为主，包含几何抽象形、有机抽象形和偶发抽象形（图3-11）。

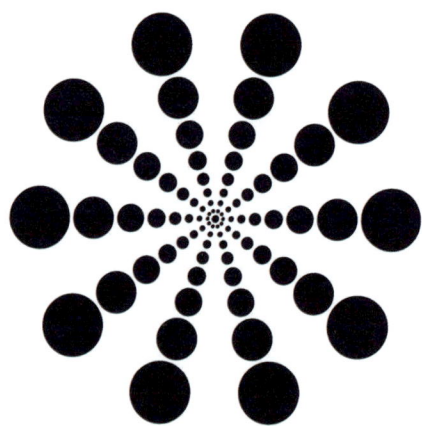

图3-11 抽象形态

一、形体

任何能够被肉眼辨识的物体，均具备一定的形体，构成我们塑造的对象。这些形体结构通常以点、线、面、体和形状等形式呈现，它们共同界定出空间，并决定了空间的基本属性和架构。这些形体在造型艺术中占据着至关重要的地位，是形态构成的基本要素。

1. 点

点在概念上是没有长、宽、高的，它是人们虚拟的形态，是静止的、没有方向的（图3-12）。点是最小的构成单位，具有最简洁的形态，在环境艺术中因其凝聚有力、位置灵活、变化丰富显露出特殊的表现特点。点有以下特性。

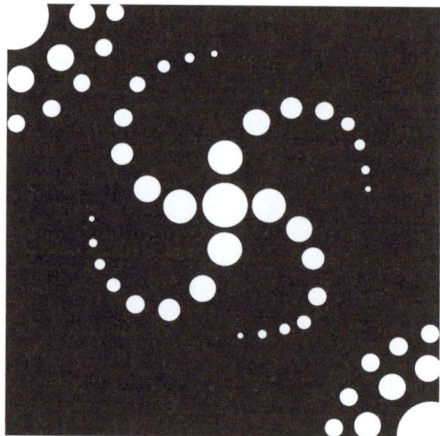

（a）发射点

（b）向心点

（c）自由点

图3-12 点构成

（1）处于区域或空间中央位置，表现稳固、安定，且控制着它所处的范围和建构秩序；

（2）偏于中央的位置，表现出能动、活跃的特质；

（3）静止的点是环境的核心，动态的点形成轨迹；

（4）点的阵列能强化形式感，并引导人的心理向面的性质过渡。

2. 线

线是点在空间中延伸的轨迹，给人以整体、归纳的视觉形象。线可分为两大类型，一是直线系列（图3-13），给人以理性、坚实、有力的感觉；二是曲线系列（图3-14），给人以感性、优雅的感受。它对规整空间的几何关系、构筑方式的强化有着重要的作用。一方面，作为基本的视觉要素，线是设计过程中表现结构、构架及相关事物关系的联络要素，另一方面，我们也主要依靠它来定义边界、识别范围和形状。线有以下特性。

（1）有强烈的方向感、运动感和生长的潜能；

（2）直线表现联系两点的紧张性，斜线体现出强烈的方向性，视觉上更加积极能动；

（3）曲线表现出柔和的运动，并具备生长潜能；

（4）一条或一组垂直线，可以表现出重力或人的平衡状态，或者标出空间中的位置，用来限定通透的空间。

3. 面

一条线在自身方向之外平移，从而界定出一个面，面是依靠二维的长度和宽度来确定的，大致能够概括为几何形（图3-15）、有机形（图3-16）和偶然形（图3-17）三种类型。在研究

图3-13 直线系列

图3-14 曲线系列

图3-15 几何形

图3-16 有机形

图3-17 偶然形

图3-13	图3-14
图3-15	图3-16	图3-17

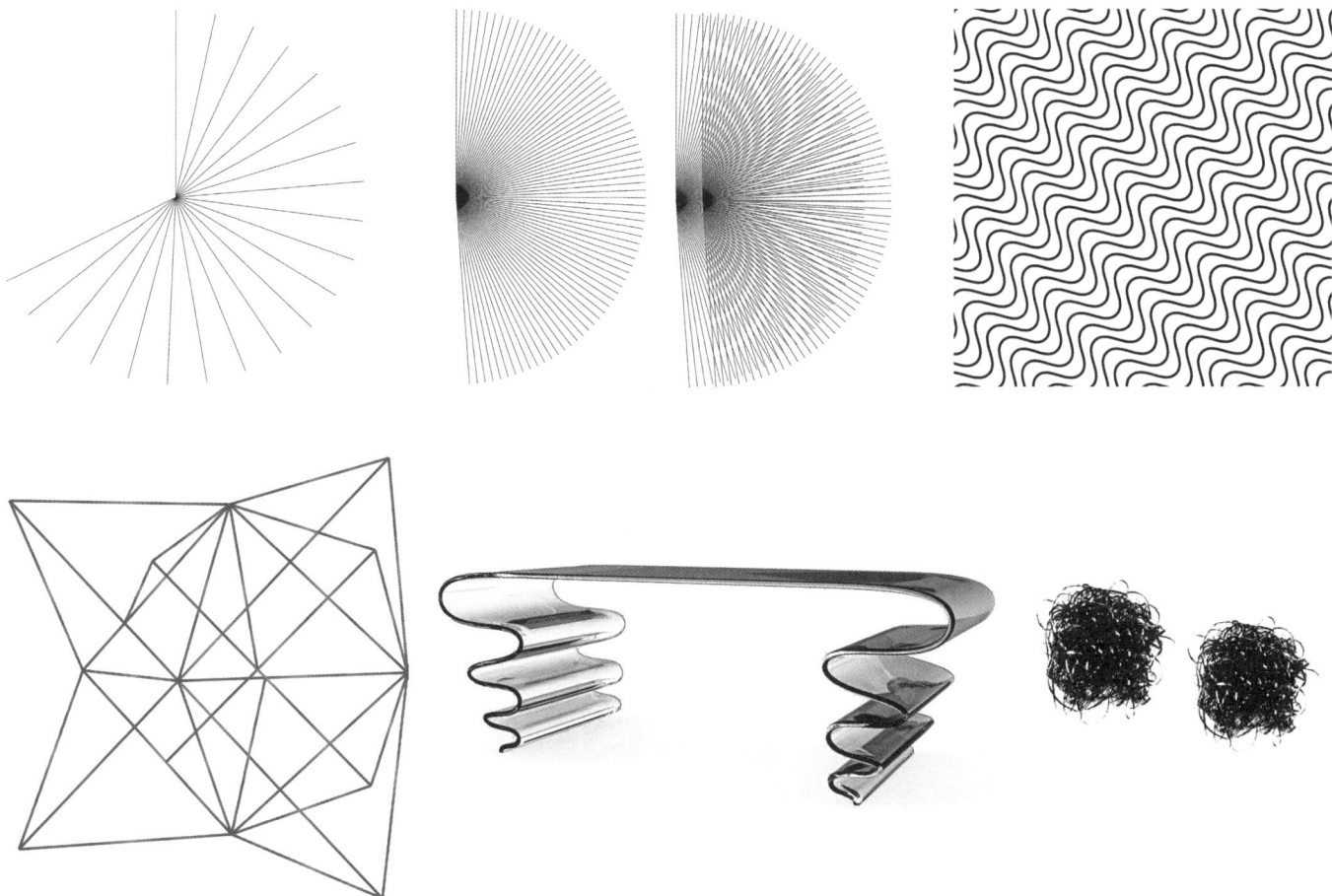

空间时，需要考虑面的形状、颜色和质地等特征，尤其是面的形状，它影响着空间的功能，反映出空间的形态。面有以下特性。

（1）一条线可以展开成一个面，面有长度和宽度，但没有深度；

（2）面的色彩和质感将影响它视觉上的重量感和稳定感；

（3）可见结构的造型中，面可以起到空间限定的作用；

（4）面是专门处理形式和空间的关于三度体积的设计手段。

4. 体

一个面按照其表面方向扩展，即可形成一个三维的体量。一个体量由三个维度构成，即其长度、宽度和高度。从理论角度来看，体为空间提供了规模感、色彩以及质感，体与空间之间的互动性，在设计的尺度层面上得以体现（表3-3）。体有以下特性。

（1）体的形态是由其表面的形状以及这些表面之间的相互关系所确定的，这些表面标志着实体的边界。

（2）体可以是实际存在的物质形态，也就是空间中由体量所占据的部分，也可以是虚拟的，即被表面所包围或限定的空间。

（3）体具有独特的形状，通过旋转、叠加等设计手段，可以丰富实体的变化。

（4）体能通过其独特的形态特征，插入到由多个实体组成的集合中，产生鲜明的对比效果。

表3-3　　　　　　　　　　　　　实体中的抽象几何体量

抽象几何体量	图形	内涵
球体		向心性和高度集中性的形式，在所处环境中可产生以自我为中心的感觉，通常呈稳定状态
圆柱体		以轴线呈向心性的形式，轴线由两个圆的中心连线所限定，可沿此轴线延长，倘若将物体放在圆面上，呈静态形式
圆锥		以等腰三角形的垂直轴线为轴旋转而派生出的形体，其形式非常稳定，倘若其垂直轴倾斜或者倾倒，则形式不稳定，倘若其尖顶立起来，则形成稳定的均衡状态

抽象几何体量	图形	内涵
棱锥		其属性与圆锥相似，且任一表面皆呈稳定状态，圆锥形式柔和，而棱锥带棱带，形式较硬
立方体		形式棱角分明，其几个量度相等，缺乏明显的运动感或方向性，是一种静的形式

5. 形状

形状分为自然形、非具象形和几何形三大类别。自然形源于自然界中的多种实体形态，非具象形则是具有特定象征意义的符号，而几何形是人类基于对自然界形态的观察，有意识地创造出的形状。几何形态包括圆形、三角形和正方形等，这些形状在形状体系中占据着核心地位（表3-4）。各种形状均具备独特的特性和功能，决定建筑与室内设计的特征。

表3-4　　　　　　　　　　　　　　几何形

种类	图形	内涵
圆形	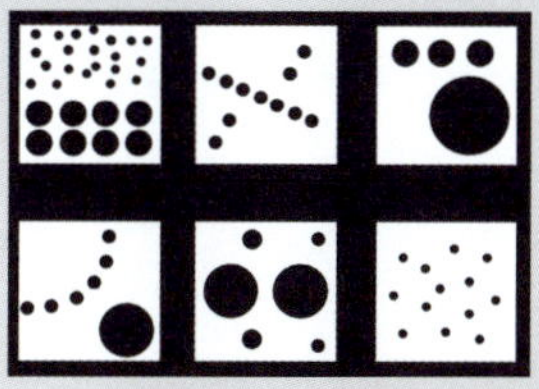	圆形是一系列的点，围绕着一个点均等并均衡安排，是一个集中性、内向性的形状，通常处以自我为中心的环境中
三角形	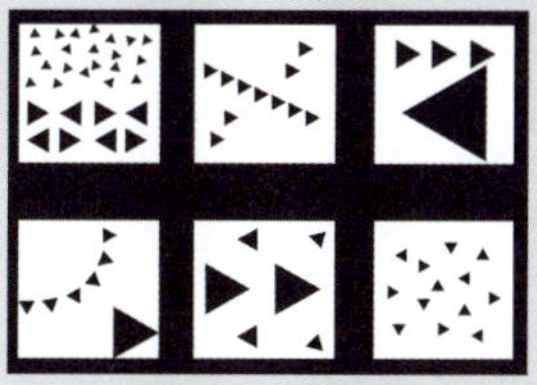	三角形具有强烈的稳定性。若三边不发生弯曲或断裂，形状将维持稳定，因此该形状是结构设计的常见选择；当三角形以一边为支撑时，依然保持着稳固的姿态；以顶点作为支撑点，其稳定性将受到削弱，开始动摇；当三角形倾向一侧时，进入一种不稳定状态
正方形	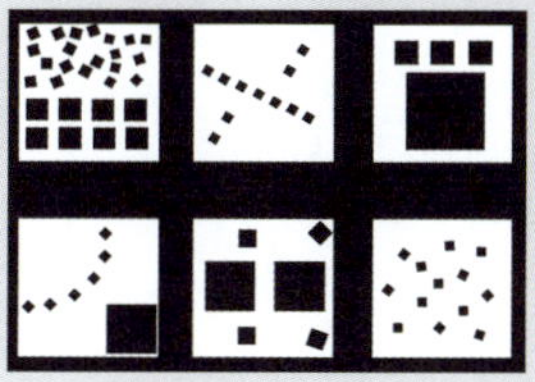	有四个等边和四个直角；倘若正方形伫立于一个边上，其表现为稳定的；倘若立在一个角上，其表现为动态的

二、色彩

色彩是环境艺术设计中最具活力与生动性的要素，能够给人带来独特的心理影响。色彩的应用包括对画面进行调和、对比、节奏与层次表现，不仅为环境注入了无限的魅力，同时也丰富了空间设计的语言。色彩通过其色相、明度和纯度的变化，对人类生理与心理层面产生影响，构成环境艺术设计中色彩的核心功能，从而成为传递设计信息的关键媒介。

色彩属性

色彩有三种属性，即色相、纯度、明度，并且这些属性都互相关联（图3-18）。在色彩中，暖调光线是加重了暖色并中和了冷色相，而冷调光线则是加强了冷色并削减了暖色相。色相的冷暖，连同明度与饱和度，共同决定了唤起我们注意的视觉吸引力，使某个物体成为兴趣中心。

色相所表现的明度还会因照射光量的大小而有变化。减少照明装置的数量，将使色彩的明度降低并中和其色相。提高照度也就提高了色彩的明度，并加强其纯度，但是高强度的照明会使色彩看上去不够饱和。

暖色和高纯色被认为是视觉上活跃的刺激性色彩，冷色与低纯度色则消沉而松弛。高明度是愉快的，中等明度是平和的，低明度令人忧郁。深而冷的色彩有收敛感；明亮而暖的色彩有扩张感而使物体显得较大，尤其衬托在深色背景中的效果更为显著。

★小贴士

色彩应用

每个人对色彩的偏好各异，但颜色本身并无优劣之别。色彩运用的适宜与否，实则取决于其搭配方式、应用场合，以及是否遵循了配色的基本原理。在制定室内空间的色彩规划时，必须对色彩选择、整体基调和色彩布局进行详细制定，不仅要符合空间的功能需求，还应彰显建筑本身的独特风格。

色彩系统可视为设计师的"配色宝典"。其中包含了几乎所有可识别的色彩类型，在此系统中按照特定顺序进行排列，极大提升了设计师在色彩选择与管理方面的效率。然而，色彩系统所提供的仅是色彩物理特性的研究成果，而在实际设计中的应用，还需综合考量色彩在生理、心理层面及文化背景中的影响（图3-19）。

图3-18 色彩的属性

图3-19 色彩心理

图3-18 | 图3-19

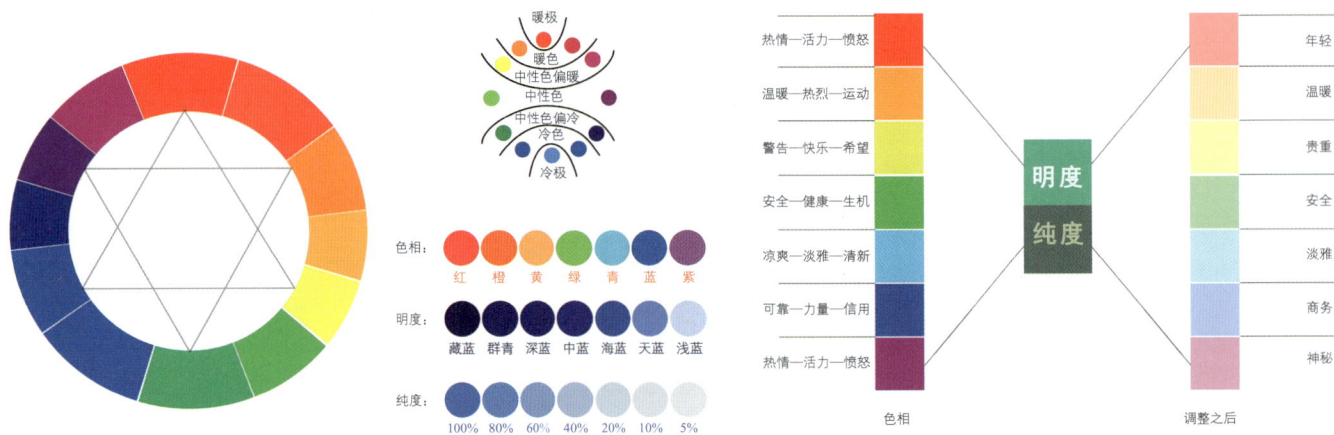

三、光影

正如建筑的实体与空间的关系一样，光与影也是一对不可割裂的对应关系。设计师在对光的设计筹划中，影也常常作为环境的形态造型因素考虑进去。

光不仅起照明的作用，还能起到界定空间、分隔空间、改变室内环境气氛的作用，同时还具有装饰空间、营造空间格调和文化内涵的功能，是集实用性、文化性、装饰性为一体的形态要素（图3-20）。光与照明在环境艺术设计中的运用越来越重要，也是环境艺术设计中营造性的形态要素。

在现代环境艺术设计中，光的运用主要分为自然光（图3-21）与人工照明（图3-22）。自然光在空间构成中至关重要，它具有营造氛围、凸显主题意境的作用，还能满足人们对于阳光和自然的生理和精神上的双重需求，其重要性不断凸显；人工照明则具有可变性的特点，通过光源与色彩的变化，可以创造出丰富多样的空间效果，为场所带来活力。照明设计包括直接、间接、漫射、基础、重点及装饰照明等多种形式。设计师需要根据客户所要求的光影效果，来选择恰当的照明方式。

环境艺术设计的形态要素是创作和审美的重要手段，在环境艺术设计的学习中，设计师应熟知各个要素及其相互关系，并且要在设计中扩展、发掘它们的各种可能性。

图3-20 室内照明

光在室内外装饰中起着无可替代的作用，它并不仅仅起着照明的作用，而且具有调节色彩的功能，其意义在于美化装饰效果，起到锦上添花的作用。

图3-21 自然光

自然光是自然界中动态变化的光线，能够创造出人工照明无法创造的自然光环境，透过窗户，还可以享受到室外美景，可以获得室外天气、时间和周围环境的视觉信息，在紧张的工作之余，舒缓神经，舒畅心情。

图3-22 人工照明

不仅要满足生活、工作等视觉功能的要求，而且应充分发挥照明设施的装饰作用和光的艺术表现力，除了使灯具本身起到点缀和美化作用，还应使室内外装修构造与光的色彩有机结合，形成不同的光环境艺术效果。

图3-20
图3-21 | 图3-22

（a）

（b）

★补充要点

人工照明的种类及特点（表3-5）。

表3-5 人工照明

种类	照明图	内涵
直接照明		灯具或光源直接把光线投向被照射物。直接照明与间接照明的最大区别就是光源与被照射物之间是否通过反射实现
间接照明		也称为反射照明，是指灯具或光源不是直接把光线投向被照射物，而是通过墙壁、镜面或地板反射后的照明效果
局部照明		为了完成某种使用视力的工作或进行某种活动而去照亮空间的一块特定区域
重点照明		空间局部照明中的一种设计方法，通过形成光线的聚焦区域及由明暗对比所构成的节奏感图案，取代传统单一的照明方式；其目的不仅在于照亮特定工作或活动区域，还能凸显出空间特质或艺术作品的独特价值
装饰照明		也称气氛照明，设计理念在于依托色彩与动态的变化，集成智能化照明控制系统来提升环境氛围；在基础照明的基础上，可增添额外照明以实现空间氛围的优化

第三节　环境艺术设计形式法则

艺术设计包含意味和形式两个基本维度。"意味"指作品所传达的审美情绪，"形式"指构建艺术作品的因素及其相互作用。英国形式主义美学家克莱夫·贝尔在其著作《艺术》中表示，艺术作品的核心特质在于其具备"有意味的形式"。强调审美情感与形式之间的不可分割性。

形式美是指构成物外形的物质材料的自然属性（色、形、质）以及它们的组合规律（整齐、比例、均衡、反复、节奏、多样统一等）所呈现出来的审美特性（图3-23、图3-24），我们探讨形式法则就是对形式美的规律作研究。"形式"的形成过程是将自然形态经过人为加工而使之产生一种新的形式美。设计作品通过点、线、面、色彩、肌理等基本构成元素组合而成的某种形式及形式关系，激起人们的审美情感，这种构成形式被称为有意味的形式。

一、比例与尺度

环境艺术中的任何设计内容都具有尺度，是环境艺术较其他艺术更为突出的语言特征，尺度在形式上的美学表现就是比例与和谐。比例和尺度虽然是很接近的概念，但内容还是有所侧重的。

比例的探究对象是物体的内部构造，而尺度则针对建筑物整体或局部的观感尺寸与实际尺寸的关系，是对不同物体比例关系的研究（图3-25）。在审美教育中，环境艺术设计师应有意识地提升对比例和尺度的感知能力。

在比例与尺度的探讨中，人类投入了极大的热情和努力。古希腊的毕达哥拉斯学派为了揭示宇宙的比例法则，提出了"黄金分割"的理论；众多建筑师采用几何分析手段来探讨建筑的比例问题，例如，勒·柯布西耶将比例与人体尺寸相结合，提出了"模数"体系等一系列概念，在今天看来，这些理论推动了设计理念的革新。

二、节奏与韵律

韵律原指音乐中音调的高低变化，或是诗歌创作中词汇间的节奏与和谐，揭示了人们在审视自然时对秩序感的审美偏好。研究表明，自然界中规律有序的变化能够唤起人们的美感体验。在环境艺术设计的领域内，韵律美的应用极为常见，甚至有观点将建筑中的韵律美形象地比喻为"固态的音乐"（图3-26）。

图3-23 自然属性美

家居以白为主，蓝为辅，以舒适机能为导向，强调空间的"回归自然"属性；注重空间的舒适性，无论是家具还是配饰均以其随性、自然而富有内涵的气韵，衬托出居室主人悠闲随心、追求自然的生活态度。

图3-24 组合规律美

在视觉上，整齐美、比例美、均衡美均有体现，带给人一种庄重大方的美感。

图3-25 家具的比例与尺度

（a）低矮的床，使人感到亲切、温暖，可在墙面高出挂置装饰画。（b）狭长的桌子给人以独特感和时尚感，可搭配软质座椅，在质感上形成对比。

图3-23 | 图3-24
图3-25

（a）发射点　　　　（b）向心点

图3-26 节奏与韵律

（a）建筑外观为三组巨大的壳片，建筑的壳形外观形成重复排列的韵律感，顶面形成连续起伏的韵律感。
（b）在原先略显不足的挑高尺度之下，借由虚实交错的天花折线，形成线性转折下的律动节奏。

（a）悉尼歌剧院

（b）室内空间

根据韵律美的形式特点可分为几种不同的类型：

连续的韵律——以一种或几种要素连续、重复地排列而成，各要素之间的关系恒定；

渐变韵律——连续的要素在某一方面按照一定的秩序变化；

起伏韵律——渐变按照一定的规律在量上时而增加时而减少，具有不规则的节奏感；

交错韵律——各组成部分按一定规律交织、穿插而成，各要素之间相互制约，表现出有组织的变化。

三、均衡与稳定

古人崇敬重力，并在与重力抗衡的实践过程中，逐步构建起一套与重力相关的审美理念，即平衡与稳固。所有位于地球引力场中的物体，均不可避免地受到重力作用，因此人类建筑活动实质上是对抗重力的结果。平衡与稳固相辅相成，但又各有其特点，平衡可进一步划分为静态平衡与动态平衡两种形式。

1. 静态均衡

静态均衡存在两种主要形式：一是对称，二是非对称。对称结构展现出一种严谨的相互制约关系，展现出一种完整性与统一性，可进一步细分为中心对称、轴对称以及面对称三个子类别。在自然界中，植物叶片、多数动物以及人类自身的构造均呈现出对称的形态；在艺术和建筑领域，对称与均衡的设计布局被认为能够营造出庄严、宏大的美学效果。例如，在西方宗教建筑（图3-27）及中国古代皇宫（图3-28）的设计中，对称形式被广泛采用。在装饰图案中，对称设计也展示出独特的艺术魅力。

图3-27 米兰大教堂（对称形式）

对称式的建筑外观，在视觉上给人整齐划一的秩序感。

图3-28 北京故宫博物院（对称形式）

对称式的建筑群体，成为地标性建筑，在视觉上给人庄严、宏伟、壮观的震撼感。

图3-27│图3-28

人们并不满足于这种单一的对称形式，还要用不对称的形式来保持均衡。不对称形式的均衡虽然制约关系不像对称形式那样明显、严格，但要保持均衡，其本身就是一种制约关系。而且与对称形式的均衡相比较，不对称形式的均衡显然要轻巧活泼得多（图3-29）。

2. 动态均衡

动态均衡亦被称为形式的均衡，很多现象依赖于运动来实现平衡状态，如陀螺的旋转、鸟儿展翅高飞、奔跑的动物以及骑行中的自行车等。这种平衡在运动停止时便会解体。在西方古典建筑的设计理念中，其设计构思往往以静态均衡为根本出发点，而近现代建筑师在处理建筑形式问题上，则更倾向于运用动态均衡的原则（图3-30）。

四、主从与中心

设计师应对要素之间的构成关系进行精准把握，由诸多要素共同构筑的整体，其内部各个部分所承担的角色和比重直接关系到整体的和谐统一。在环境艺术设计的实践环节中，无论是平面布局、立面塑造还是室内规划、室外设计，以及细部装饰和群体结构，都需要细致入微地权衡局部与整体、主导与从属、核心与辅助的相互关系（图3-31、图3-32）。

在探讨形式法则中的主从与中心关系时，需深入理解视觉重心的概念。人类在生理上的具备视觉焦点透视的特点，平面构图中的任何形状，其重心位置都与视觉稳定感紧密相连。因此，为了凸显环境特征，妥善处理主从关系显得尤为关键。主从关系的处理上存在多种策略，通过强调某一区域，使其成为趣味中心，从而形成视觉焦点，同时让其他部分处于相对次要的地位，以此营造主次分明、和谐统一的整体效果。若无此类焦点或中心，构图将因缺乏凝聚力而丧失其内在的统一性。

图3-29 现代公共建筑（不对称形式）

相较传统的对称形式，现代不对称形式更加现代化、时尚化，不会显得拘谨、严肃。

图3-30 流动的空间

在空间设计中，应避免孤立静止的体量组合，而追求连续的运动空间，空间构成形式富有变化和多样性，可使视线从一点转向另一点，引导人们从"动"的角度观察周围事物。

图3-31 北欧混搭风格·绿语流年

装饰上以浓墨重彩的色彩为基调，打造时尚、温馨的空间感，让空间在明亮活泼的气氛下不失自然气息。

图3-32 现代简约风格·家设计

设计主张轻装修、重装饰；空间格局宽敞而简单，冷暖色调的搭配，使房间变得精致有序。

图3-29 | 图3-30
图3-31 | 图3-32

第四节　环境艺术设计原则

环境艺术设计的根本目的是为人们的生活提供一个理想的、符合生理和心理需求的高品质的生存空间。空间首先应符合自然规律，包括建筑的建构、人的行为方式和自然环境的利用等（图3-33），还要尊重文化传统，注重人对精神文化的需求（图3-34）。

人类社会的进步伴随着对自然资源的深度开发与利用，然而无节制的资源开发引起了生态环境的极大恶化。在这种背景下，倡导自然保护，提倡合理的资源开发策略，维护人类与自然环境的和谐共处，已成为全球性的共识。在这样的理念指导下，环境艺术设计学科得以确立，其倡导促进人与环境之间的积极互动，构建可持续共生的环境系统。

一、以人为本原则

环境艺术设计的核心是人类本身。基于不同的用户对象，应该考虑其不同的空间需求，以及其社会价值。设计师在创作过程中旨在营造满足人类需求的空间环境，在此过程中，应优先考虑人们在物质和精神层面上对环境的诉求。面对众多错综复杂的矛盾和层出不穷的问题，设计师必须保持清醒的头脑，深刻理解"以人为本"的设计原则，即对人类自身的尊重。设计师在创造环境时，应致力于符合人类生存模式的设计，而不应将人类对环境的依赖性置于不顾，重视人与环境的相互依存关系（图3-35、图3-36）。

现代环境艺术设计需要满足人们的生理、心理方面的要求，需要综合处理人与环境、人际交往等多项关系，需要在为人服务的大前提下，综合解决使用功能、经济效益、舒适美观、环境氛围等种种要求。可以认为现代环境艺术设计是一项综合性极强的系统工程，其出发点和归宿都是为人和人的活动服务。

图3-33 元阳梯田

这是人类改变自然的杰作，人们依山势开垦田地，利用自然改变人们的生活方式，既尊重自然，也不屈服于恶劣的自然环境。

图3-34 金山岛

金山岛仿江苏镇江金山景色而建，也是清朝在避暑山庄仿建江南秀色的重要代表景点；现今旅游业的发展，也是保护与传承中国传统建筑、园林和文化的一种很好的方式。

图3-35 黄石国家公园

黄石国家公园是保护野生动物和自然资源的国家公园，其有完整的管理机构，以不破坏和维护生态环境为目标，禁止开发性建设，确保物种之间的联系不受人为干扰，但人们能够通过旅游的方式来欣赏。

图3-36 奈良公园

奈良公园因鹿而闻名于世，鹿被指定为国家的自然保护动物，在这里人与自然共处，可以说，鹿群对当地的经济发展做出了极大的贡献。

图3-33｜图3-34
图3-35｜图3-36

二、整体性原则

环境艺术学科领域涉及广泛的学术议题，其实质是一个融合自然体系与人工体系的综合性系统结构。自然体系包括地形、植被、水体及气候自然要素的相互作用，人工体系则具有较高的复杂性，涵盖建筑构造、交通配置、基础设施如水电供应，以及照明和绿化等设施的建设。环境艺术设计的探讨不仅限于物质层面的具体要素，更延伸至思想观念、意识形态等抽象的非物质层面，实现了跨学科的整合。因此，在进行环境艺术设计实践时，必须采纳一种全局性的系统观念，重视规划和设计理念的整体性。

环境艺术是整体的效果，不是各种要素的简单累加，而是各要素相互补充、相互协调、相互加强的综合效应，是整体和局部间的有机联系。因此，现代环境艺术设计的立意、构思、风格和氛围的创造，需要更多地着眼于对环境整体、文化特征等多方面的考虑（图3-37、图3-38）。

三、地方性原则

设计是文化的一种外在表现，文化是设计的内在力量。因此，设计的文化取向和品位反映出设计的内在价值。环境艺术与人们的生产生活密切相关，是记载人类文明和文化的活化石，同时也对文化所属的认知、文化身份的认同有着重要的指向和定位作用。

1. 地域生活形态的特征与延续

在历史潮流中，对传统文化扬弃成为是人类的必然行为。在当代，重视并尊重各地区的独特文化，已成为环境艺术设计中的一项重要原则，特别是在环境艺术设计领域。伴随着经济与科技的飞速进步，各地建筑在风格上越来越多的体现出本地文化，因此，设计师在执业过程中，应关注对所在地域历史文化底蕴的保护及和挖掘，打造具有地域特色和本土文化内涵的环境艺术作品，在尊重传统的同时也展示了现代设计的创新能力（图3-39）。

随着全球化在世界范围迅速展开，以及民族文化的觉醒、民族自信心的增强，世界文化与民族性、地域性文化这两个方面既互相矛盾又互相联系，使世界文化变得越加错综复杂，地域或建筑文化乃至环境艺术都摆脱不了世界文化圈的"磁力"。特别是在数字社会里，这种磁力在经济、文化方面日益增强。不同传统特色的地域的表现，需要设计师经过深刻思考和理性分析。

图3-37 律动空间（设计师李光政）

在空间规划上，分区明确，采用单一色调的规划打破各机能区的界定；在整体空间中，大量留白，空间中的事物允许流动、变化，而非一味地使用材料填满空间。

图3-38 婺源丛溪庄园

庄园设计仅供当地旅游休闲，未迎合游客，设计以自然、绿化为主，园内外移步即景，飞檐翘角、粉墙黛瓦。

图3-37 | 图3-38

公园河岸有枫杨林带，在水中形成倒影，满足远岸观景。

水面开阔，在公园中形成远景与中景，适合游客从不同视角观览。

"与水为友的绿色海绵""山水之上的体验框架"，让城市公园不仅仅是绿色公共空间，同时作为生态基础设施为整个城市提供生态系统服务。

（a）河岸有枫杨林带

（b）水景与桥梁

木质构造观景台设计在花镜地被区，满足游客远眺。

在利用山水格局和自然植被的基础上，通过"覆被"和利用栈道及游憩网络来"框架"山水和植被，以实现景观的改造。

（c）观景台

（d）向观景台

图3-39 衢州鹿鸣公园

2. 地域生活形态的利用

环境艺术设计应遵循以人为本的原则，关注人类多方面心理需求。这种需求既包含对新技术带来的舒适与便捷的向往，也包括对地方文化特色的情感归属与认同。因此，应在设计中尝试融入地域特色，并积极采用先进的现代技术，同时避免将现代技术与地域文化特质视为对立，积极探寻利用现代技术促进地域建筑创新发展的策略（图3-40）。

高明的设计往往对地域文化中的人进行了深入的思考，生活形态是其中的重要内容，即居住在环境中的人以何种行为与环境发生关联。当我们提出这样的问题时，设计就不再是空中楼阁，而是具有扎根生活的原色生命力。现在，很多敏锐的设计师已经观察到越是贴近人们生活原形态的设计，就越有持久的吸引力。

面对庭院大门设计月洞窗造型的玄关，让进入大门的游客既能感受空间的层次感，又保证了内院隐私。

通过月洞窗能看到内院局部建筑，吸引游客移步院内，具有交通动线的引导功能。

白墙黑瓦，红漆木窗与木门，小院内冬色与古朴的建筑相得益彰，浓浓的古色古香，整个宅子充满了静谧和禅意。

（a）月洞窗玄关

（b）鸟瞰内院

院内设计鱼池，保留传统四合院特色，既可蓄水浇灌绿化植物，又可养鱼形成院内特色景观。

慈舍茶是当地文化的一部分，慈舍茶禅和美学的人文生活，也是现代人所追求的境界。

地域建筑文化的沿袭，不是一成不变的，适当的变革和改变，反而有利于当地文化的发展。

（c）鱼池鸟瞰

（d）茶艺小品

（e）鱼池细节

图3-40 慈城民宿

第五节　案例解析：环境艺术设计色彩分析

一、色彩搭配分析

　　色彩本身并无优劣之分，它的审美价值在于其通过对比、衬托等手法调和视觉空间，从而激发观者的审美愉悦感。在环境艺术设计中，色彩并非独立存在，而是与环境紧密相连。色彩呈现出的视觉效应通常被环境中对象的材质与构造所影响，色彩之间的相互作用与色彩与光线之间的相互影响，共同构成色彩在空间中的视觉效果（图3-41、图3-42）。

←设计理念：地中海风格以白色与蓝色为主色调，但是如果用纯白色搭配蓝色，会显得很冷，没有温度。在这里设计师运用偏柔的乳白色来代替纯白色，这样整体空间就会显得温暖许多。

（a）沙发细节

（b）沙发背景墙

（c）相框与插花摆件

（d）复古花瓶

（e）餐桌椅组合

（f）客卧室

←金属质感十足的相框、淡雅的花朵、淡蓝色的靠垫与色彩不一的鼓凳，这些精致唯美的饰物点缀整个客厅，瞬间提升了空间的颜值，每一个小角落都有说不完的美。

图3-41 地中海家居设计

图3-42 美式风格家居设计

←整个空间的颜色都是宁静温暖的色系，而靠枕和花瓶用了小跳色，多了一份俏皮；茶几上的小雏菊、墙壁上的装饰画，都带着田园气息，清新自在。

（a）客厅

（b）卧室

（c）餐厅

二、色彩表现与材质选择

　　色彩与材质是营造环境意境和设计感的重要载体，能让人们的情感与风景进行深度融合，使人们在景观中获得情感共鸣。因此，在景观设计过程中，对色彩搭配的考量及材质选取的重视程度正逐渐提升（图3-43）。

图3-43 静安雕塑公园

景观装置采用棒状金属构件焊接组合，喷涂红色氟碳漆，组合后形成廊亭造型，供游客休息停留。

（a）景观装置

（b）独立雕塑

群雕为形体扁平的马，采用不锈钢板焊接，组合后体量较大，满足游客在群雕之间取景拍照。

←静安雕塑公园是一个以展示为手段，绿化与雕塑、小品相互渗透、和谐统一的城市公园；也是一个开放性的公园，园内为市民提供了游憩、休闲和接受艺术熏陶的活动场所；契合公园 "以人为本，以绿为主，以雕塑为主题"的设计思想及核心。

（c）群体雕塑

图3-44 室外泳池色彩装饰

利用颜色鲜艳的瓷砖拼贴，达到令人沉醉的海蓝色装饰效果。

图3-45 室内空间色彩装饰

空间整体采用原木色，局部点缀水蓝色、粉红色装饰品，给人一种心生向往的感觉。

图3-46 灯具色彩装饰

灯具本身自带精美的涂饰及色彩，给人粉嫩、少女的感觉。

图3-44 | 图3-45 | 图3-46

三、色彩装饰性分析

色彩的应用与变化，能够对空间进行细节优化，传递出特定的审美情感，甚至在某些情况下，实现建筑功能的提升。通过巧妙的色彩布局，空间环境呈现出独特的装饰美感，同时也给人们带来深刻的印象（图3-44～图3-46）。

四、案例总结

色彩是构成空间美感的精髓。在设计过程中，设计师应巧妙把握入色彩元素，确保其在设计中应用贴切，充分展现色彩的独特美感，通过这种方式打造出既具有创新性又布局得当的艺术空间，为环境赋予新的艺术氛围。

本章小结

环境艺术设计的形态要素是设计师创作与审美的重要手段，也是环境艺术设计学习中创意思维的基础。正如一位语言大师必须熟练地运用词汇一样，每一位设计师也应熟知各个要素及其相互关系，并且，还要用自己的聪明才智来扩展、发掘它们的各种可能性。

课后练习题

（1）环境艺术设计的研究对象有哪些？

（2）环境艺术设计以哪些领域为理论基础？

（3）形体中的点具有哪些特性？

（4）观察生活，指出人工照明分为哪些种类，怎样在不同场景下对其进行合理运用？

（5）均衡分为哪两种形式，结合实际建筑案例进行说明。

（6）分组讨论：环境艺术设计需遵循哪些原则？

（7）结合本章内容，谈谈怎样将环境艺术设计与我国传统文化相结合。

第四章

环境艺术设计实践

识读难度 ★★★★☆

重点概念 事务、创作特征、设计师、评估标准

章节导读 环境艺术设计项目需要设计师具备相关专业的基本知识与设计能力，能够较好地表达自己的设计想法（图4-1），同时还要熟悉设计事务的设计与施工程序。在一个项目的实施之初，首先要对该项目的任务书进行分析，然后进入项目的设计准备阶段，直至确定最终的设计规划构想，最后再进行方案的设计阶段。项目方案的文件包括平面图、剖面图、三维模型、设计说明

图4-1 室内设计

及造价预算等，具体根据实际情况而定。在初步设计方案审核通过后再设计、绘制施工图，最后实施设计方案。

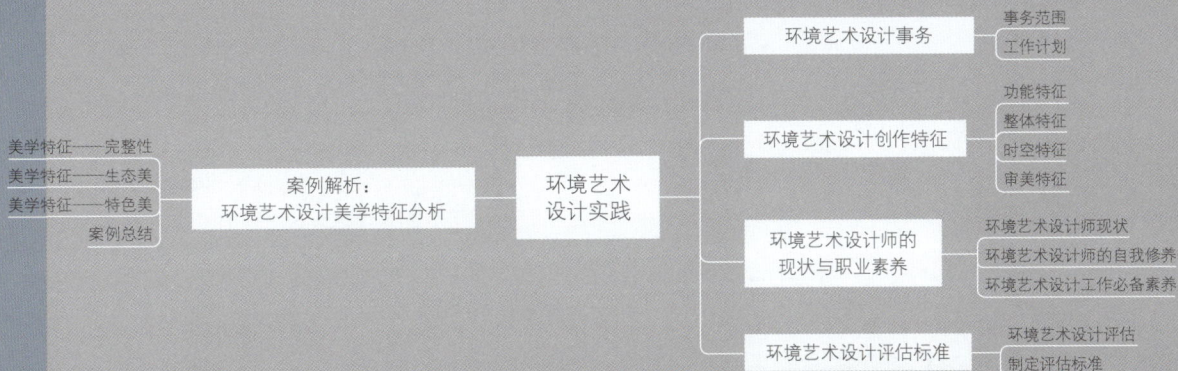

美学特征——完整性
美学特征——生态美
美学特征——特色美
案例总结

案例解析：
环境艺术设计美学特征分析

环境艺术设计实践

环境艺术设计事务
　　事务范围
　　工作计划

环境艺术设计创作特征
　　功能特征
　　整体特征
　　时空特征
　　审美特征

环境艺术设计师的现状与职业素养
　　环境艺术设计师现状
　　环境艺术设计师的自我修养
　　环境艺术设计工作必备素养

环境艺术设计评估标准
　　环境艺术设计评估
　　制定评估标准

第一节 环境艺术设计事务

一、事务范围

环境艺术设计范围较广，其核心任务在于使场所内部功能布局合理并优化空间配置，此外还需关注与周边环境及众多外部因素的和谐融合，同时兼顾室内外景观的审美效果与结构设计的创新性，满足居住者行为心理需求和生态环境标准。在细节构造方面，环境艺术设计涵盖了一系列工程技术问题，诸如给排水系统、空调与取暖设备的安装，照明设备的配置，消防设施的布置，声学效果的优化，以及工程预算规划等。

★补充要点

环境艺术设计的主要内容

环境艺术设计的内容涵盖了室内设计、建筑装修、景观规划、城市空间环境构建、公共设施设计以及公共艺术设计等多个方面。其专业实践主要聚焦于两个核心领域：一是室内空间的美学创造与功能布局，即室内空间艺术设计（图4-2）；二是专注于建筑周边环境的空间美化与规划，即景观设计（图4-3）。环境艺术设计的主要构成要素有以下几项（表4-1）。

图4-2 室内设计

图4-3 景观设计

图4-2
图4-3

（a）客厅装修设计

客厅色调明亮温暖，餐桌、沙发等区域做重点照明，烘托出温馨的家居氛围。

（b）卧室装修设计

地中海风格卧室装修采用蓝、白、褐等颜色的装饰材料，通过花瓶等装饰物的摆放和背景墙的设计，简约自然的同时不乏精致。

由于喷泉的管线路都是预埋到地下的，因此，应尽可能地选择高质量的喷泉设备、管道和灯具产品，避免后期维修困难，减少维修时间与成本。

人行道、车行道、喷泉小品与圆形绿化造景呈围合之势，沿主建筑和造景中轴线呈对称式布局，绿化造景自然而然成为景观的视觉中心。

表4-1　　　　　　　　　　　　　　　　环境艺术设计要点

序号	主要内容
1	合理的空间组织和平面布局，所需的声、光、热设备，以满足环境物质功能的需要
2	合理的空间构成和界面处理，宜人的光色和材质配置，使得环境气氛和艺术效果满足精神功能的需求
3	采用合理的装饰材料、装修构造、技术措施和设施设备，使其具有良好的经济效益
4	室内外各种设施（家具、照明、艺术品、水体与绿化等）的选择及设计，符合安全疏散、防火、卫生等设计规范，遵守与设计任务相适应的相关规范标准
5	符合可持续发展的要求，充分考虑节能、环保，并使环境能够适应功能调整，预留材料与设备更新换代的可能性

二、工作计划

1. 设计文件

设计文件包括设计规范和图纸。在项目启动阶段，明确设计的总体定位和具体要求至关重要。为确保设计方案从宏观到微观的每个层面均能精确执行，必须将设计要素以清晰、简洁的方式呈现，由此产生对设计文件的编制需求。设计文件的完备性对于承包商制定预算书至关重要，它使工程成本估算更为精准，保证设计概念的完整性与准确性。

（1）设计任务书的制定

环境艺术设计是一门综合性极强的系统工程，涉及委托方、投资方、管理方、施工方、设计方及监理方等多方协作。在项目的具体执行阶段，各参与方承担不同的职责。

在环境艺术设计的实施过程中，无论是小型项目还是大型工程，从策划阶段到最终的执行，都要全面考虑到社会、政治、文化、伦理道德、心理、审美、技术及材料等多方面的复杂问题，设计任务书实际上是对这些问题的汇总与整合。

设计任务书在表现形式上有不同的类型，如意向性协议、招标文件、正式合同等。其内容包括空间设计中的物质功能与审美精神两个方面。设计任务书是制约委托方（甲方）和设计方（乙方）的具有法律效应的文件，只有双方共同遵守任务书规定的各项条款，才能确保工程项目顺利实施。设计任务书的制定，在形式上的主要表现如下表（表4-2）所示。

表4-2　　　　　　　　　　　　　　　设计任务书制定的主要表现

设计任务书的制定要求	主要表现
按委托方（甲方）的要求制定	委托方的构思与想法是设计的灵魂，设计师的任务是将其具体化、可视化；设计师在执行设计任务时，需充分尊重并遵循委托方的核心设计概念；要求设计师主动寻求与委托方的互动交流，以便更准确地把握其设计意图
按等级档次的要求制定	根据委托方的经济实力、建筑物本身的条件以及建筑周围的环境来制定
按工程投资金额的限定要求制定	在委托方的投资金额已经确定的情况下，要求方案设计中提前做出相应预算，明确工程施工实际所需的金额

现阶段设计任务书往往是以合同文本的附件形式出现，应当包括以下主要内容（表4-3）。

表4-3　　　　　　　　　　　现阶段设计任务书的主要内容

序号	现阶段设计任务书的制定要点	现阶段设计任务书的形式
1	工程项目的具体地点	
2	工程项目在建筑中的位置	
3	工程项目的设计范围与内容	
4	不同功能空间的平面区域划分	
5	艺术风格的总体要求	
6	设计进度要求与图纸类型	

（2）针对任务书的分析

设计方在接收到项目设计任务书之后，需要对所提供信息及其潜在寓意进行细致解读。该过程主要围绕两大核心内容展开：一是影响项目实施的诸多制约因素；二是项目本身的功能定位（图4-4）。

影响项目实施的因素包括社会政治经济背景、设计双方文化素养、现有经济技术条件及形式上的审美理念等。每个设计项目从构思到确立，均基于不同主体的物质与精神需求，这些需求受到经济状况、普遍社会生活方式、各社会阶层间的人际互动及习俗传统等因素的共同作用。进一步而言，设计者与委托方对于理想空间形态的构想、社会地位认知、教育背景、审美偏好，以及个人的抱负与宗教信仰等内在因素，均在无形中塑造了项目的最终展现形式。此外，对设计结果产生影响的还有科技成果在产品制造中的应用程度，以及材料、结构与施工技术等实际操作层面的问题。

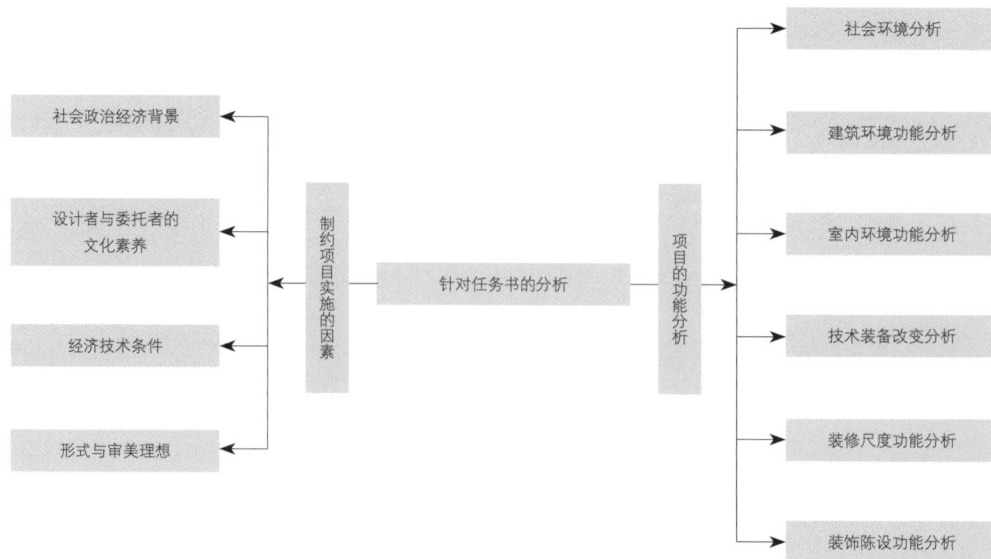

图4-4 任务书需要分析的主要内容

在设计项目的实施过程中，设计师在物质与精神需求、主观意识的影响下，想要做出以系统工程的概念和环境艺术的意识为主导的正确决策，就应按照一定的程序进行严格的功能分析。功能分析包括社会环境、建筑环境、室内环境、装修尺度、装饰陈设等功能分析及技术装备改变分析。

2. 规划与设计阶段

（1）设计准备阶段

项目启动阶段的核心任务包括接受设计委托书、签订正式合同、确立期限以及制订详尽的设计方案和日程安排，此时，需关注不同专业领域与工种间的协作与整合（表4-4）。

在项目启动的初期，首先要对相关政策法规进行深入研究，掌握使用者的文化社会背景及其具体需求，并对施工地点的地形、土壤条件、日照、气候特征以及植被生长状况等自然条件进行细致考察，设计师通常亲自踏勘现场，有助于后续的设计工作。

接着，必须对设计的任务和具体要求有一个清晰的认识，包括但不限于了解各类建筑材料的种类和成本，搜集与分析相关信息和资料，掌握与设计相关的标准和规范，进行现场勘查；还需把握设计对象的使用属性、功能需求、标准等级和成本控制等因素，并进一步推导出相应的环境氛围、文化寓意及艺术风格等要素．并对这些信息进行整理工作。

表4-4　　　　　　　　　　设计准备阶段的主要内容和程序

设计准备阶段主要程序	主要内容
环境规划	环境规划是指包括对建造过程的评价在内，用多种方案比较、分析营造环境的可能性；环境空间的规划具有各种不同的层面，但它们之间又具备相互关联性
规划过程	环境的规划过程是对环境艺术设计的目的设定、所需规模和所需预算等进行综合评价，其重点在于是否符合使用需求及方案的经济与否等，再根据评价的结果确定前提条件，然后进行设计
设计条件	指在设计过程中，用最适当的形式与具体的设计对象相适应，从而归结出具体的环境空间形象的内容；设计师把这些条件明确落实到空间环境设计中去，据此确定总体设计的方向，按建设单位的要求进行设计

（2）方案设计阶段

在该阶段，设计师需对相关资料和信息进行搜集和分析。设计师需提出具有针对性的解决策略，并在此基础上展开初步的设计构思。此阶段要求设计师不仅要注重创意的独创性，亦需对立意进行深思熟虑，并对初步形成的方案进行比较和分析。在方案设计阶段，设计师需考量诸多涉及整体设计的要素，明确设计的出发点和总体方向。一般而言，设计过程始于一个宏观目标的设定，随后设计师以此为基础，逐层深入探索，为各个层级设定具体目标。这些分目标彼此之间既具有一定的独立性，又存在着相互依赖和影响的关系，它们共同构成了一个彼此制约的复杂网络。

即使是十分优秀的设计师，也不可能在设定总目标的时候就将相关的次级目标都一一列出。随着设计的深入，设计过程中的一些矛盾或问题会慢慢显现出来，这就需要设计师回过头对最初的设想不断进行修改和调整。可以说，设计的过程就是前期以收集概念性信息为主，后期以收集物理性信息为主，频繁交换信息，是"边进行边反馈"的过程。

在方案设计阶段，手工绘制设计图是表达创意构思的常用方法。设计师从草案着手，将环境空间的实用性、家具配置以及室内装修设计等多个方面整合进行绘制。开展工作前，需先确立空间形态和尺寸，再对色彩和材料属性进行整合归纳。

在初步设计方案的成图阶段，产出的图纸包括：包括家具布置的平面图或彩色平面图（图4-5），彩色透视图（图4-6）、立面图（图4-7），包括灯具和风口布置的天花平面图、三维模型、选定的材料样本（图4-8）及设计说明和造价概算。对于有特殊要求或规模较大的项目，制作三维动画演示文件也是工作之一。

图4-5 彩色平面布置图

常用比例为1:50和1:100。设计师应结合平面布局规划，推敲场所的形式，使它不仅符合形式美的规律，而且具有深刻的美学意义。

图4-6 彩色透视效果图

彩色透视效果图是设计表现不可缺少的关键表现途径，优秀的效果图能直观地表现出设计内容。

图4-5
图4-6

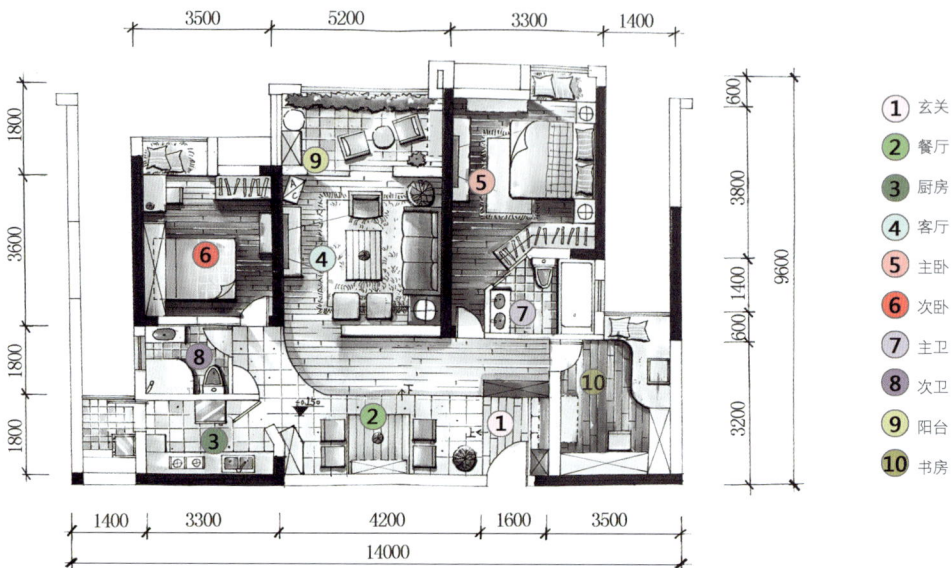

① 玄关
② 餐厅
③ 厨房
④ 客厅
⑤ 主卧
⑥ 次卧
⑦ 主卫
⑧ 次卫
⑨ 阳台
⑩ 书房

（a）客厅

（b）次卧

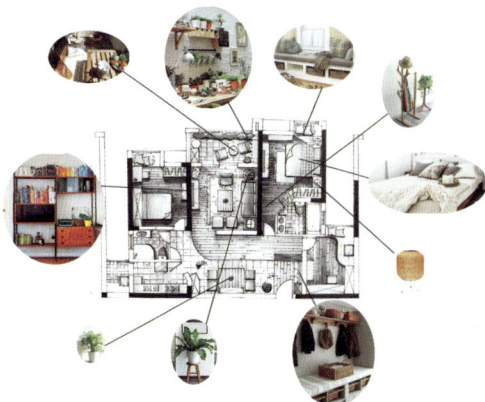

（c）整体空间分解示意图

（d）卧室分解示意图

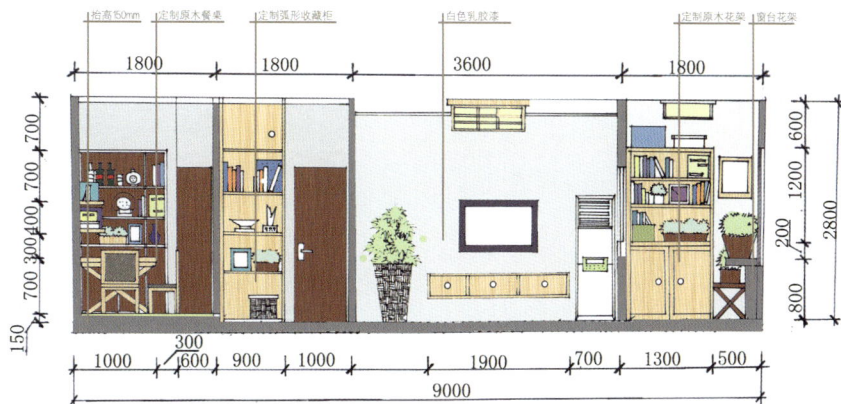

客厅A立面

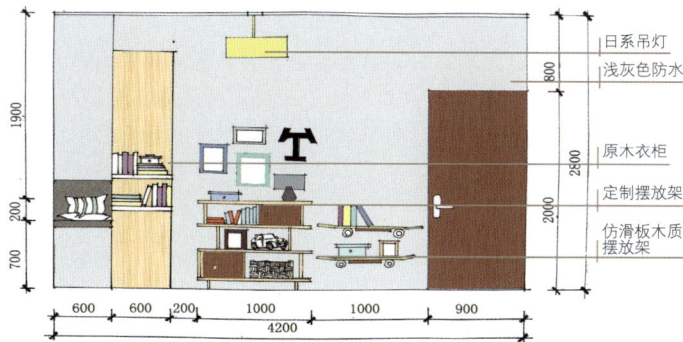

（a）客厅B立面

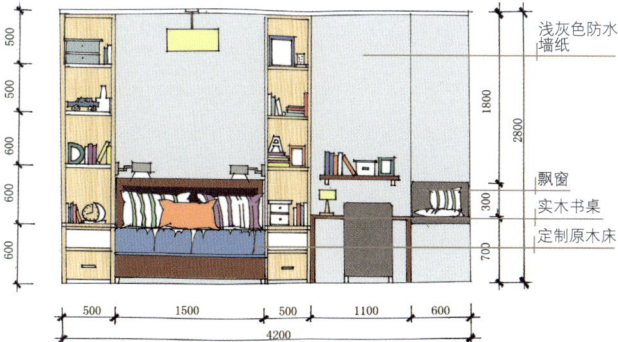

（b）次卧立面

图4-7 立面图1

常用比例为1：20和1：50。立面图最主要的目的是表现设计的概念意图和艺术氛围。

图4-8 立面图2

图4-7
图4-8

3．施工图设计阶段

施工图设计是对初步方案设计的深化，它为施工人员提供了直接的作业指导，是设计理念与实际施工之间的纽带（表4-5）。在这一设计阶段，设计师需详尽地规划整个场地及各局部的确切尺寸与具体施工，涵盖结构设计计算、各类设备系统（给排水、供暖、电力、空调等）的精确计算、设备选型及其安装等环节。施工图设计的内容具体包括：详细的平面布局、立面与顶面尺寸，构造节点的详图及细部大样图，以及材料和施工方法的详细说明；同时，还需列出所选材料和设备的具体型号、特性等信息，并绘制设备管线图，编制施工说明和预算估算。

方案图设计阶段的核心在于视觉呈现和概念表达，而施工图设计则是为了给施工提供了科学依据。一份完备的施工图纸应包含以下三个层次的信息：界面材料与设备的位置布局，界面层次与材料构造的细节，以及细部尺寸与图案样式的具体说明。

表4-5 施工图纸的主要内容

施工图纸包含要点	主要表现与常用比例
界面材料与设备位置	主要表现在平面图和立面图中，用于表现地面、墙面、顶棚等的构造样式，材料划分与搭配比例，标注灯具、供暖通风、给排水、电器等的位置与型号等信息；常用比例为1：50 、1：20 、1：10
界面层次与材料构造	主要表现在剖面图中，详细地表示不同材料与界面之间连接的构造；由于很多现代材料都有各自标准的安装方式与要求，因此剖面图的绘制主要侧重于剖面线的尺度与不同材料的连接方式；常用比例为1：5

施工图纸包含要点	主要表现与常用比例
细部尺度与图案样式	主要表示在细部节点详图中，它是剖面图的详解，而细部尺寸多为不同界面转折或不同材料衔接过渡的构造表达，常用比例为1：1或1：2；图案样式多为平立面图中特定装饰图案的施工放样表现，而自由曲线多的图案可根据具体情况决定相应的尺度比例

4. 设计实施阶段

设计实施阶段即施工阶段（图4-9）。在该阶段，设计者需与施工团队就设计理念和图纸技术细节进行深入沟通，旨在确保设计意图得到准确传达。施工过程中，需严格依照图纸规范对施工现状进行核实，并针对现场特殊状况，对设计图纸进行必要的局部调整或增补，此类修改由设计机构以修改通知书形式正式发布。施工完成后，工程验收环节由质量检验部门和建设方共同执行（图4-10）。

为确保设计效果达到预期目标，设计人员必须严格控制设计的各个阶段，全面关注设计、施工、材料及设备等多个方面。此外，设计者还需重视原有建筑的设计与设施，对水、电等设备工程的衔接有深刻理解，妥善处理与建设方和施工方之间的互动关系。

图4-9 景观项目施工
图4-10 会议汇报工程验收情况

图4-9 | 图4-10

第二节　环境艺术设计创作特征

一、功能特征

在设计的创作过程中，设计师首先面临的问题就是设计对象所承载的功能，而在环境艺术设计的创作中，功能性的要求显得尤为重要。《辞海》对"功能"释义为"事物或方法所发挥的有利的作用"。

在环境艺术设计的实践中，无论是涉及城市规模的区域规划（图4-11），抑或是针对单一公共设施小品的概念设计（图4-12），均不可避免地需要动用众多人力、物力和社会资源，已满足公众的物质需要。通常，若设计脱离了其功能性的基本要求，其往往难以承受来自社会公众和时间流逝的双重检验。

设计理念来源于生活。功能性这一概念，其本质源于人类的基本需求，进而通过对环境与人类行为互动关系的深入分析，来揭示环境对行为的影响机制。此过程最终促使环境设计以更

设置大面积草坪，白色步道贯穿其间，美化环境的同时也打造出良好的生态系统。

沿江景观带设计具备多功能性，有完整的城市休息、娱乐功能，能够为居民提供一个良好的亲水空间，具备调节城市蓄水和排水的能力，同时能够解决城市水污染严重的问题，打造出一片宜人的生态环境。

重视植物的布置，且每一处风景都独具匠心。

公园小品设计采用半围合的廊柱形式构造，造型独特，兼具实用功能，创意十足。

图4-11 杭州沿江景观带

图4-12 公园休息设施小品

图4-11 | 图4-12

为精准的方式满足人类多样化的需求。在设计的框架下，功能可以被进一步划分为三个维度：实用（物质）功能、认知（精神）功能以及审美功能。这三个维度共同构成了功能的丰富内涵，并在设计实践中得以体现（表4-6）。

表4-6 　　　　　　　　　环境艺术设计创作的功能特征

主要功能	设计图（景观小品）	主要内容
实用功能		通过物与人之间能量的交换，进而直接满足人类在物质、生理、心理及行为层面的需求；针对环境中的特定问题或功能需求能够迅速地提供解决方案，或是优化现有功能，抑或是揭示潜在的未被发掘的需求
认知功能		通过视觉、听觉、触觉等感官接收外界物体传递的信息刺激，让人们形成对事物的整体感知，传达出丰富的社会和文化内涵，如伦理观念和道德寓意；通过对感觉器官的刺激，个体得以构建起对事物的完整认知。这一认知不仅包含直接的感官体验，还融入了象征性意义和社会文化背景
审美功能		让事物的内在和外在形式唤起人的审美感受，满足人的审美需求，是设计物与人之间相互关系的高级精神功能因素，并且还贯穿于实用功能与精神功能的执行过程之中，包括形式美、意境美等

二、整体特征

环境艺术的整体特征即在实践中坚持从全局的角度去营造整体环境，也就是对环境的"整体意识"。环境艺术设计是对事物的内外部各种复杂甚至相互矛盾的关系的设计，在创作的过程中，处处体现着设计师对整体设计的把握能力。

在《市镇设计》一书中，英国建筑师和城市规划师吉伯德表示环境艺术为"整体的艺术"，他认为，当环境诸要素和谐地组合在一起时，会产生比这些要素之和还要更多的东西。

美国KPF事务所创始人佩特森提出，即便一座建筑物在独立状态下显得多么美观，一旦其与所处环境文脉显得不协调，便难以称之为优秀建筑。所谓环境文脉，并不仅限于地段条件的直接反映，而是涵盖了建筑物之间微妙的关联、道路布局的连贯性、开放空间的互动、与既有建筑的对话、材料与色彩及细节的和谐，以及天际线的协调与变化等多个方面（图4-13）。

设计活动不应被视为孤立的行为，而应从全局出发，综合考虑问题。设计师须具备宏观的视野，面对各种矛盾时能从容应对，将综合性及前瞻性的思考应用于场所设计。这要求设计师在活动、意象、形式这三个维度上，有机地整合并引导设计的发展与生成。

优秀设计成果的诞生，实际上离不开设计师对整体性的不懈追求。此类设计能够感染和吸引人们，使其沉浸于环境的舒适与雅致之中（图4-14）。这些成果源自设计创作过程中对整体性的深度思考。缺乏整体性和统一性的设计作品，难以唤起人们对环境的认同感与归属感，更无法激发共鸣。

保持设计的整体性是十分有必要的，设计师一定要予以重视，同时这也是每个设计师都要面对的问题，是环境艺术设计立足的根本所在。有时设计创作也会从主要问题或侧面问题入手，但最终都要落实到对整体的考量上来。

（a）室外水景　　　　　　　　　　　　　　　　（b）木质栈道

图4-13 九华山涵月楼度假酒店设计

"九华朝圣处，禅房花木深"，酒店整体布局极为精巧，徽派建筑风格独特，依山就势，构思精巧，与大自然融为一体，无不显示出徽派园林"天人合一"的意境。

酒店前院砌筑蓄水池，池子中摆放盆栽植物，池间留下石质小径供人行走穿梭，形成良好的互动性。

酒店后院栽种绿化植物，乔木、灌木、地被植物混合配置，营造出自然舒适的氛围。

（a）前院　　　　　　　　　　　（b）后院

酒店内部氛围舒适，黄色墙体与大量木质结构的运用增加了自然风味，暖黄调灯光给人温暖的感觉。

通过木质隔断将不同的功能空间区分开来，划分出休息区、洽谈区与办公区，满足了多层次需求。

（c）室内空间

茶室内部摆放沙发、茶几与置物柜等陈设，均采用木质结构，与整个酒店空间的氛围相统一。

更衣区提供衣架、衣柜等设施用于收纳衣物，挂画、灯笼等装饰元素的应用使空间充满古典气息。

（d）茶室　　　　　　　　　　　（e）更衣区

图4-14 杭州法云安缦酒店设计（贾雅设计）

三、时空特征

环境艺术是在空间与时间的基础上构建的，可以说它是四维的。空间作为环境艺术设计的基石，其界定与塑造是不可或缺的，然而，这一过程必须依托于人的主观感受，通过时间序列这一要素进行巧妙编织，否则环境艺术将失去其存在的意义。

空间与时间是构成我们环境体验的基础结构。城市不仅是静态的空间集合，更是在时间流转中上演的连续剧。空间的本质是物质存在的一种延续，它通过界限来划分和统一。无论是室内设计还是室外构造，设计师们始终致力于探索和塑造空间的独特属性，这表明环境艺术设计本质上是在空间维度上展开的艺术创作，对空间的重视程度不容忽视。

此外，时间作为物质运动的过程，其连续性与顺序性对于空间形态的最终实现至关重要。空间序列在实际中呈现为不同规模和样式的形态连续排列，正是由时间来实现的。

在这样的时间链条上，要求设计师拥有长远的创作眼光，同时要保持历史文脉的特征，体现时间的延续性，要看到未来的发展和时代对环境的要求，尽可能地兼顾处于时间链条上的两个极向。

总的来说，环境艺术的时间特征表现在以下三个方面（表4-7）。

表4-7   **环境艺术的时间特征**

序号	时间特征的具体表现
1	环境艺术设计的空间与时间是一对并行的关系，是不可分割的；在空间中，接收到的各类信息都是时间的累积，是动态的，且其延展要靠时间来实现
2	处于历史发展进程特定阶段的设计，自然会映射出该时期社会风貌及民俗文化；在特定需求的驱动下，设计师们往往有意识地强化这些特色元素；日常语境中提及的"文脉"，实际上就是文化在历史长河中连贯性的强调与体现
3	环境艺术设计的形成并非一蹴而就，而是一个或多个设计团队与社会各界力量合作的渐进过程。这一过程具有动态性及连续性，必然伴随着时间的推移而逐步展开，设计的内涵与价值也会在环境使用者的生活模式上得以体现

四、审美特征

艺术作为一种特殊的社会意识形态和特殊的精神生产形态，以其审美性格区别于宗教、哲学等其他意识形态，艺术以审美的方式认知世界、反映社会生活，并以审美的手段生产产品、创造精神成果（图4-15、图4-16）。

可以说，审美是一切艺术门类（如文学、美术、音乐、舞蹈、戏剧、摄影、电影等）区别

图4-15 展示空间（某艺术展厅）
这是建筑的一层空间，有发布区、咖啡吧与接待区等功能，二层空间与之夹层交织，互为一体，相互依存。

图4-16 展示空间（东方之家）
借助绢这一具有文化属性的材料，在绢上绘制出的抽象悠远的山水图像及其意境，来围合出承载东方精神的半开放空间——茶室与禅室。

图4-15 | 图4-16

图4-17 卧室空间

具备休息和装饰功能，设计风格偏向于女性化、高雅、高档次，设计感十足。

图4-18 休息、工作空间

家具较低矮、小巧，布局紧凑，整体设计以舒适为主，集办公与休闲功能于一体。

图4-19 客厅空间

客厅是家庭成员与来客之间聚会、交谈的场所，采用浅色系家具打造出现代装修风格，简约而不失大气。

图4-17 | 图4-18 | 图4-19

于其他社会事物（如政治、法律、哲学、宗教等）的共同性格。审美作为一种主体对客体的反映形式是文化的产物，是人类自我意识、自我完善的情感表现。

设计的目的在于为人们创造更为舒适、安全、高效的生活空间（图4-17～图4-19）。而审美是设计活动过程的重要参与者，也是对设计作品最后的检验者，是体现设计师专业水平的重要方面。

环境艺术设计创作在审美上的考量具体表现在以下三个方面。

（1）视觉审美。侧重于视觉上的愉悦，装饰性强。

（2）功能审美。发现新的功能，创造出所使用的价值。

（3）精神审美。寄情喻物，折射出深刻的精神内涵，体现出与设计师在思想上的沟通。

第三节　环境艺术设计师的现状与职业素养

一、环境艺术设计师现状

随着社会经济的增长和文明的发展，环境艺术设计师扮演着调和自然与人工环境之间关系的核心角色。设计师所绘制的规划蓝图不仅深刻地塑造并转变了人类的生活方式，同时也映射出一个国家文明发展的水平。

环境艺术设计的领域涵盖广泛，从事该行业的专业人士在层次和职责上存在差异。此外，这一行业充斥着众多诱惑，对人们的内在心理产生了不可忽视的影响。尽管如此，我们必须肩负环境艺术设计师应尽的职责，明确设计应遵循的正确路径。致成为一名对社会、国家和全人类做出实质性贡献的设计从业者。

环境艺术设计师首先要确立正确的设计观，明确设计的出发点和最终目的，以最科学合理的手段为人们创造便捷、优越、高品质的生活环境。设计不是闭门造车，也不是搭建空中楼阁，室内或是室外，有形或是无形，都必须结合客观的实际情况。

环境设计师要积极引导项目投资者达成共识，而非单纯追求个人经济收益，甚至忽视法律法规。鉴于此，设计师需确立科学的环境生态观，推崇节约型、经济型且可持续的设计理念，对土地与能源资源给予高度重视，并积极倡导环保意识（图4-20）。从优秀案例中汲取经验与智慧，而非仅仅停留在表面层次的模仿。

再者，环境艺术设计师对于大众具有引导的作用和责任。丑的事物无法替代美的事物，假的事物代替不了真的事物，设计师要树立并持守正确的价值观及人生观，因势利导地指出设计发展的方向，创造更多的设计附加值，传递给大众更为先进、合理、科学的设计理念，这样才能引领大众。要知道，环境艺术设计师的一句话或许会改变一条河、一块土地、一个区域、一座城市的发展和命运，设计师的责任极其重大。

图4-20 陕西千渭之会国家湿地公园

昔日，千渭流域污染严重，破败不堪；现今，公园通过各种节水措施，营造节水型新型湿地公园，其坡面采用自然草坡，恢复了良好的生态环境，呈现出"碧水映草木，飞禽久徘徊"的湿地景象。

（a）岸边草坡　　　　　　　　　　　　　（b）水面游禽

★补充要点：

环境艺术设计师的要求

环境艺术设计师的核心学科背景无疑是环境艺术设计。该专业课程体系涵盖植物学、环境规划与设计、景观设计、设施设计、建筑小品创意、园林规划，以及环境工程施工与管理等多个领域。毕业生主要从事环境艺术领域内的设计岗位与管理工作。

职业定义：环境艺术设计师的主要工作职责集中于环境景观的设计与施工过程，设计师需具备艺术设计的基本理论及实践知识，能够胜任景观规划、建筑小品设计以及相关的施工管理工作。

职业定义：职业资格分为三个等级，分别为助理环境艺术设计师、环境艺术设计师以及高级环境艺术设计师，适应不同层次的专业需求。

就业方向：从事环境艺术设计的专业人员可选择多样化的就业途径，包括室外空间设计、广场规划、园林设计、街道布局、景观规划以及城市道路与桥梁设计等领域。

考试安排：该职业资格认证每年举行四次统一考试，分别为每年4月、6月、10月和12月。考生需关注所在地区考试机构或培训机构的公告，以获取具体的考试日期、地点及方式等信息。

二、环境艺术设计师的自我修养

全才是设计师的最高境界。这种境界要求设计师拥有艺术家般的感性直觉，音乐家对和谐的感知与画家的创造性想象，同时也必须具备科学家的理性思维，数学家的严谨和文学家的洞察力。设计师要能博览群书，并在实践中身体力行，一个在文化底蕴、道德修养以及技艺技能等多方面展现出深厚素养的设计师，才能在对综合性要求极高的设计领域中游刃有余，实现个人价值的提升。

1. 文化修养

把设计师看成是"全才""通才"的一个很重要的原因是设计师的文化修养。因为环境艺术设计的属性之一就是文化属性，要求设计师有广博的知识面，把眼界和触觉延伸到社会、世界的各个层面，敏锐地洞察和鉴别各种文化现象、社会现象，并将其与本专业相结合。

文化修养是设计师的"学养"，意味着设计师一生都要不断地学习、提高。它有一个随着时间积累的慢性的显现过程。特别是初学者更应该像海绵一样持之以恒，吸取知识，而不可妄想一蹴而就。设计师的能力是伴随着他知识的全面、认识的加深而日渐成熟的。

2. 道德修养

设计师不仅要有前瞻性的思想、强烈的使命意识、深厚的专业技能功底，还应具备全面的道德修养，包括爱国主义、义务、责任、事业、自尊和羞耻等。不应片面地认为道德内容只是指向"为别人"，其实加强道德修养也是为我们自己。高品质道德修养意味着健全的人格、成熟的人生观和世界观，在从业的过程中能以大胸襟来看待自身和现实，而不会患得患失、因小失大，这样才算是一个成功的设计师。

环境艺术设计与生活息息相关，一个好的设计成果，一方面得益于设计师的聪明才智，另一方面，其实更为重要的是得益于设计师对国家、社会的正确认识，得益于他健全的人格和对世界、人生的正确理解。重视和培养设计师的自我道德修养（图4-23）是设计师职业生涯中重要的一环。一个在道德修养上存在缺陷的设计师无法真正取得事业的成功，无法让生态环境得到良好的设计与保护。

3. 技能修养

在探讨设计师的专业技能时，需要关注其"通才"的广泛知识，更要深入探究其"专才"的专业深度。设计师的职责在于统筹兼顾各类相关要素，并通过设计作品将这些要素综合展现出来，体现出设计师与工程师、技师之间的本质区别。设计工作特别强调设计师整合功能性与艺术美学的技巧，这包括比例、审美敏感度、戏剧性元素以及其他与"美学"紧密相关的元素。设计师的综合技能固然重要，但也不应忽视单一技能的培养，例如创新思维（图4-24）、绘画技巧（图4-25）以及软件应用能力等。

绘画技巧被视为设计师的核心能力之一，贯穿从概念草图到施工图的整个设计过程。尽管近年来设计软件的发展导致部分学生和设计师认为绘画技能已不再重要，认为计算机操作可以完全取代手工绘图，但这并不完全正确。历史上的杰出设计师一直非常看重手绘训练，那些充满创作灵感和热情的手绘草图，正是设计师深厚绘画功底的体现。

三、环境艺术设计工作必备素养

环境艺术不是一门纯粹观赏性的艺术，它是表达艺术家个性的作品，是多学科、多专业交叉与融合的产物。该学科特征表明了环境艺术设计丰富的内涵和广阔的外延，也就是说，要求环境艺术设计师既要具备坚实的理论基础和广博的知识以及良好的艺术素养，又要掌握丰富的实践经验。简言之，可以概括为广、深、融，理论与实践并进，科学与艺术的融合。

首先，设计师应当具备广博的知识储备。设计师应具备多元化的专业知识体系，以应对各类设计对象的复杂性，并顺应设计行业的发展趋势。在理论修养与技艺层面，环境艺术设计师须广泛涉猎并掌握当前主流的理论观念及新兴的思维模式，以提升自身专业能力。例如，绘画表现技巧（图4-21）、计算机操作技术（图4-22）以及高效的信息检索能力。此外，设计师还需对不同艺术流派及其特征有深刻理解，同时基于学习基础，建立个性化的艺术价值观。通过这种方式，环境艺术设计师能在设计实践中融入自身的独特艺术理念，为作品注入艺术的生命力。

其次，设计师应当对专业知识有深厚的理解。设计师应当学习并掌握当前流行的设计思想及新兴的创意思维，强化自身在专业技能上的造诣。这些知识与技能是环境艺术设计师区别于其他领域的核心要素，也是他们在设计过程中自觉运用的语言和工具。

可以说，掌握技能的熟练程度直接关系到设计工作的成败。熟练的草图构思、图文交流和表现能力，主导着今后设计工作的顺利开展。应强化练习，反复比对，熟练地运用材料、色彩、绿化植物等元素进行环境艺术空间创造，对设计元素有深层次的认识和理解。例如，环境艺术设计中的功能问题（图4-23）、尺度问题、空间组织等，对于初学者而言显得十分复杂、

图4-21 绘画表达技能

图4-22 计算机操作技能

图4-23 室内功能分区图

图4-21 | 图4-22
图4-23

主入口	
玄关通道	
客厅	
餐厅	
厨房	
主卧	
次卧	
卫生间	
阳台	
储物室	

难以掌握，但这些问题恰恰在实际工作中是时时存在、处处出现的。对于这些常见问题的解决，如能做到庖丁解牛般的熟练，那么实际工作势必会易如反掌，设计思想势必会上更高层次的境界。

在学科方面，环境规划是环境艺术的具象化与缩影，融合了科学技术与人文文化，环境艺术设计师须具备将多样化的现实需求、审美偏好、经济条件以及艺术性等多重要素整合为一的专业技能。设计师在环境艺术领域内，不仅需具备解决复杂问题的能力，还需认识到环境艺术设计并非个体行为。设计实践过程依赖于多方人才的协同合作，涵盖了技术人员、管理阶层，乃至政府官员等（图4-24）。

在此过程中，设计师不仅是创意者，更是协调者和沟通者。为了实现成功的设计实践，环境艺术设计师应当具备卓越的沟通技巧，能够充分吸收并综合各方建议与意见，并协调并整合各方利益与需求，确保设计成果的和谐性与功能性。

图4-24 工程施工技术人员

（a）沥青面层施工

（b）室内装修施工

第四节　环境艺术设计评估标准

一、环境艺术设计评估

环境艺术设计的评价体系，本质上是基于特定价值观对设计成果进行的个体或集体判断。在这一评价过程中，提供判断依据的证据是核心所在。设计的审视视角应宏观全面，立足于人类文明的广度对其价值观进行再思考。确立评估标准，对具体设计进行质量上的甄别，进而实现优化设计的目标。

在不同的国家和地区，它们都有一个评估、衡量设计水平高低、设计成果是否优良的体系。根据各个国家、地区的文明发达程度，设计的评估标准并不完全一致。这种判断与我们自身的价值取向有关，只有当评价者的价值观相近时，才能得到一致的判断。

二、制定评估标准

制定设计评估标准时，必须考虑到具体案例的地理位置、时间背景以及环境条件等特定因素，采取客观、动态的视角来审视这些标准。对人工环境进行评估时，普遍的做法是参照城市规划与设计的评价准则；对自然环境进行评估时，可应用景观设计的评价体系。

景观设计领域中的评价方法，其研究从主观和客观两个维度展开：基于主观经验，涵盖了视觉和认知的评价方式；从客观机能出发，涉及诸如生态恢复力、环境异质性、物种存活持续性及其可达性，以及景观开放性等要素，这些都是评价生态系统功能的关键指标。

在城市规划与设计评估领域，可以借鉴两种类型的评价目标：定量目标与定性目标。定量目标主要用于对设计方案中涉及的自然要素，例如气候、日照、地理位置和水文条件等进行度量和评价；而定性目标则聚焦于衡量城市设计的美学价值、心理影响以及效率。

人们将这些目标和实际案例联系起来，产生了多样化的评估策略。其实城市设计的评价标准也是可以运用于室内设计的，但要注意，室内设计的评价更应该站在使用者的立场。

★小贴士

城市设计评价6条准则

作为环境艺术设计师，要明白目标和价值取向是设计的内驱力并贯穿设计的始终，设计成果的检验离不开预设的目标和评价标准。在设计的评估过程中应更多地听取公众的声音，强调公众的参与性。

有许多设计理论家都对评估体系做出了相应的研究，其中在《设计城市》中，有国外学者曾提及城市设计评价的6条准则：

（1）历史保护与城市更新；

（2）人的适居性；

（3）空间特征；

（4）土地综合运用；

（5）环境与文化的联系；

（6）建筑艺术与美学准则。

第五节　案例解析：环境艺术设计美学特征分析

一、美学特征——完整性

环境艺术设计的核心思想在于环境整体性的确定。所谓的"整体性"并不仅限于单个设计单元的内在统一，更强调其与周边环境的和谐共鸣。一个独立的设计作品在构成建筑群的同时，亦作为该群体中不可或缺的一分子，与群体相互依存，共同构筑（图4-25）。

二、美学特征——生态美

在自然生态美的视角下，美学观是科学的生态观，是普遍的伦理观和美学观在人类生存环境中的共同体现。体现这种美学观的设计可以称为"绿色生态环境设计"。随着人们生态环保观念的不断加强，环境艺术设计中的生态美越来越突出（图4-26）。

三、美学特征——特色美

在环境艺术设计中，设计环节占据重要地位。独特的设计能够吸引观者视线，体现出强烈的感染力。探讨城市景观设计过程时，必须谨慎维护景观的固有特色，同时融入创新的表现手法。在对城市进行设计改造时，应尊重并延续城市的历史文脉和特色，使设计作品展现出其独树一帜的美学特质。例如，可以利用标志性的雕塑作品来彰显城市的历史文化底蕴，而建筑群的规划与构建则能够体现城市的现代审美。这些策略在某种程度上有助于提升城市的美学价值和吸引力（图4-27）。

图4-25 巴黎卢森堡公园景观的完整性

"整体总是大于它的各部分之和"，从美学的角度来理解，就是整体的美感大于各个部分之和。

图4-26 巴黎卢森堡公园的生态美

生态美体现在人工环境与自然环境的融合上，应尽可能地通过自然环境来增强人工环境的美感。

图4-25
图4-26

（a）树荫中的古典建筑

（b）圆形花坛景观

（a）草坪上的雕塑

（b）河道中的雕塑

图4-27 南京夫子庙

环境特色美是现代与古代相结合的历史产物，这里的一砖一瓦、一草一木，每一处都有着浓厚的历史沉淀。

（a）夫子庙入口 　　　　　　　　　　（b）水体景观

四、案例总结

在环境艺术设计领域内，整体美、生态美及特色美均为设计美学特质的重要体现。环境艺术设计若缺失美的元素，其价值将大打折扣，因此，在整个设计过程中，应当深入挖掘并凸显环境艺术设计的审美要素，致力于提升设计的审美境界。

本章小结

环境艺术设计的创作设计过程不仅要遵循一般艺术创作的规律，还要运用最新的科学技术手段，按照严格的设计程序，才能最终圆满地实现设计目的。同时要求设计师具备相应的艺术修养和艺术表达能力，有很强的表现能力及丰富的表现手段。

课后练习题

（1）环境艺术设计的主要内容有哪些？

（2）环境艺术设计规划与设计阶段可以细分为哪几个阶段？每个阶段需完成哪些设计任务？

（3）环境艺术设计创作的功能特征有哪些？

（4）环境艺术设计师需要具备哪些自我修养？这些修养能在行业竞争中为设计师增加哪些优势？

（5）环境艺术设计评估应遵循哪些标准？

（6）分组讨论：环境设计美学具有哪些特征？

（7）考察附近红色文化主题公园，分析其设计创作特征，写一篇1000字左右的考察报告。

第五章

环境空间设计

识读难度 ★★☆☆☆

重点概念 空间、类型、原则、组合

章节导读 空间是人类有序生活所需要的物质产品，是人类劳动的产物。人类对空间的需要，是一个从低级到高级，从满足生活上的物质需要到满足心理上的精神需要的发展过程。它受社会生产力、科学技术水平和经济文化等方面的制约。人的主观要求决定了空间的基本特性，反过来，建成空间也会对人的生理和心理产生影响，使之发生相应的变化。两者是一个相互影响、相互联系的动态过程（图5-1）。

图5-1 南京佛顶宫

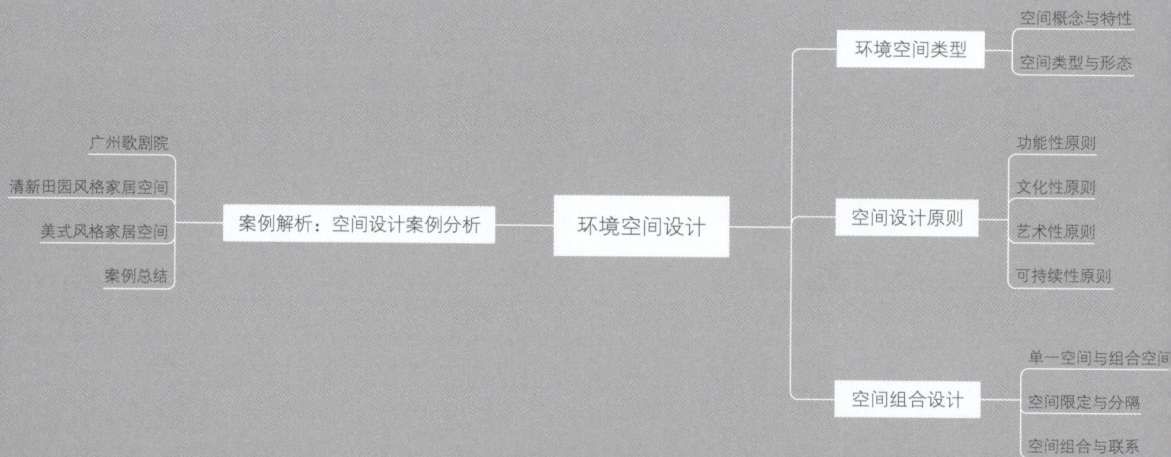

空间概念与特性

环境空间类型

空间类型与形态

功能性原则

文化性原则

空间设计原则

艺术性原则

可持续性原则

广州歌剧院

清新田园风格家居空间

案例解析：空间设计案例分析

环境空间设计

美式风格家居空间

案例总结

单一空间与组合空间

空间限定与分隔

空间组合设计

空间组合与联系

图5-2 尼泊尔帕坦杜巴广场

图5-2 尼泊尔帕坦杜巴广场

该广场被称作"露天的博物馆",其空间呈长方形,东边是皇宫、塔莱珠女神庙、金庙、曼嘉喷水池等,西边则是造型各异的庙宇。

图5-3 韩国梨花大学图书馆通道

图5-4 室内空间环境

图5-2
图5-3
图5-4

(a)广场鸟瞰

(b)建筑内部

图书馆由左右两侧的部分组成,中间是陷入地下的通道组成了现代感十足的整体图书馆。

第一节　环境空间类型

一、空间概念与特性

环境艺术设计中的空间是指人类生活需要的物质产品,是人类劳动的产物。人类对空间的需要,是一个从低级到高级,从满足生活物质需要到满足心理精神需要的发展过程,都受到当时社会生产力、科技水平和经济文化等方面的制约(图5-2、图5-3)。

人的主观需求对空间的基本属性起决定性作用,同时空间属性也能对人的生理和心理健康产生显著影响,引发相应的调整。在这一过程中,人与空间的相互联系不断加强。空间的性质并不是静止不变的,而是在不断地经历发展与变化。

通常情况下,形成闭合空间需要多个面的围合,但单一或数个平面同样能够暗示、划分,甚至界定空间。这些平面所界定的空间,其表现出的特性各不相同。在实际设计中,设计对象常由多个具有不同性质的空间组合而成,这就要求设计师深入探索各类空间之间的联系、组合方式,从而更好地理解并应用空间设计原则。

二、空间类型与形态

空间作为一种无形的虚体,与实体建筑形成鲜明对比,因此为环境艺术注入了无尽的吸引力。环境艺术设计的核心在于实体与空间之间合理且高效的结合,这种结合构建了人类理想的生活环境。实体建筑不仅在外部形态上具有重要意义,其内部空间同样具有使用价值,如建筑内部空间。无论是室内还是室外环境,均体现了对空间形态的深入研究和不懈追求(图5-4、图5-5)。

★小贴士

原始住屋

法国建筑理论家、历史学家维奥莱·勒·迪克(1814—1879年)所著《历代人类住屋》一书中,在题为"第一座住屋"的文章中,向人们说明了一组"原始"居民正在建屋的情况,他们将树干的顶端捆扎在一起,在它周围的表面上编织着许多小的树枝和小树干(图5-6)。

(a)过道装修

矮柜——明显与中国矮柜的造型不同,这是典型的东南亚风格,具有东南亚民族特色和岛屿特色。

在一些东南亚国家,大象是神明的化身,用在室内装饰中,包括装饰画、装饰雕像等,有纳福、招财、万象更新的象征意义。

东南亚风格有许多佛教元素,像佛像、烛台、佛手这样的工艺品随处可见。

(b)客厅装修

东南亚地处多雨富饶的热带,装饰多以天然材料为主,这里的花朵装饰效果简洁、别具一格。

源于自然、取材于自然是东南亚风格的一大特点,其家具多以藤制品和竹制品为主。

山庄依山傍水，建筑与周围的绿植在水面形成倒影，弧形亲水平台上方摆放座椅组合，能够在其上方闲坐交谈，体会优美的自然风光。

建筑采用玻璃结构，四周绿荫环绕，在阳光的照耀下显得通体透明，从远处观看时，玻璃幕墙若隐若现，形成良好的观景效果。

从室内来看，透亮的地砖、简洁的天花线条、半开敞式的墙面等，构建出一个大气、高雅的空间，迎合着建筑外"天宽地广"的自然架势。

维奥莱认为原始人基于功能需要和现有材料所修建的窝棚，应该是圆形平面、尖顶的帐篷式围护。

（a）室外水景　　　　　　　　　　　　　　　（b）酒店大厅

图5-5 室外与室内空间环境（林语度假山庄）

图5-6 人类的"第一座住屋"

图5-5 ｜ 图5-6

1. 空间类型

空间类型可根据不同空间构成的性质特点来加以区分，有利于在设计与组织空间时进行选择运用。常见的环境空间类型有以下几种（表5-1）。

表5-1　　　　　　　　　　　　　常见空间类型

空间类型	空间类型图	主要表现
固定空间		功能明确、布局固定的空间。此类空间由稳定的界面所围合，呈现出较强的封闭性，界面与内部陈设的比例相互协调，营造出和谐统一的美感，同时具有私密性强、色彩和谐、光线柔和、视线转换平缓等特征
动态空间		流动空间具有开放性与视觉引导性，其空间布局呈现出连贯性与流动性感，构造形式多样化，引导视觉焦点频繁的转换，引导人们以动态的视角审视周围环境，带给人们"四维空间"的体验
开敞空间		是流动的、渗透的，受外界影响大，与外界交流较多，因而显得较大，是开放心理在环境中的反映，常表现得开朗而活跃，适合公共性空间和社会性空间

空间类型	空间类型图	主要表现
封闭空间		采用限制性较高的围护结构，构筑出一处具备隔离性的领域。此类空间具有强烈的领域性，注重隐私保护和体现静态特征；空间氛围常显得宁静或压抑，呈现出一种内向、排斥的特质，为了克服这些效应，设计者常利用落地玻璃窗、镜面等元素来增加空间层次
虚拟空间		又称为积极形态，指人可以看到和触摸到的形态；不以界面围合作为限定要素，只依靠形体的启示和视觉的联想来划定空间，或是象征性地分隔，借助室内部件及装饰要素形成"心理空间"
实体空间		由空间界面实体围合而成，具有明确的空间范围和领域感

2. 空间形态

具体来讲，常见的基本空间形态包括下沉式空间、地台式空间、凹室与外凸空间、母子空间、结构空间、共享空间等（表5-2）。

表5-2　　　　　　　　　　常见空间形态

空间形态	空间形态图	主要表现
下沉式空间		局部区域的地面下沉，创造一个界限分明、变化丰富的独立空间；由于下沉空间的地面的高度低于周围区域，因此其隐蔽性、与私密性更为显著；为确保安全，当地面高程差异较大时应考虑增设围栏等防护设施
地台式空间		与下沉式空间相反，将地面局部升高也能塑造一个边界明确的空间，但其功能、效果也与下沉空间相反，适用于惹人注目的展示或眺望空间，便于观景
凹室与外凸空间		内凹与外凸式空间的目的是增加建筑内部与自然环境的互动，将室内空间延伸至自然景观及水边，实现室内与室外的和谐交融，如挑阳台空间；凹室将室内空间向内退缩，通常设计为单面开放，同时降低天棚高度，以提升空间的私密性，适合作为休息或等待的场所

空间形态	空间形态图	主要表现
母子空间		大空间中围隔出小空间，封闭与开敞相结合，增强亲切感和私密感，强调共性中有个性的空间处理，以满足使用和心理需要
结构空间		具有结构的现代感、力度感、科技感，具有震撼人心的魅力，可利用结构创造出视觉空间艺术效果
共享空间		指公众共同使用的空间，其基本功能是满足人们对环境的不同要求，促进人们彼此之间更多的交往

第二节　空间设计原则

空间设计是建筑与室内设计的主要内容之一，对于从事城市规划、建筑学、景观园林以及室内装饰的设计师而言，深入理解并掌握空间设计的基本概念十分重要。设计原则作为设计师创意实践的基石，也是确保设计质量的关键保障（图5-7）。

一、功能性原则

在设计史上，美国建筑师路易斯·沙利文首次提出了划时代的理论——"形式追随功能"。他指出，自然界中的万物皆有其独特造型，这种造型决定它们的本质，也使其与其他事物区分开来。因此，只要功能保持不变，形式亦将维持其原貌。

环境艺术设计必须从功能性出发，任何设计活动都要满足特定的功能要求，这一标准成为评判设计成果优劣的关键。空间设计的实用性构成了室内与环境设计的基础，它依赖于物质条件的科学运用，包括空间布局、家具配置、储物系统以及采光、通风、管道等设施的科学配置。这些设计要素必须遵循科学原则，以确保提供高效的生活功能（图5-8），满足人们在生活、工作、学习和娱乐等多方面的需求（图5-9）。

二、文化性原则

文化是空间设计的灵魂，空间设计既是物质产物，又是精神产物，所有的空间都存在于某一地域环境中，体现当地的文化特征（图5-10），这是不同的空间设计共有的艺术规律。设计者应在设计中充分反映当地自然和人文特色，弘扬民族风格和乡土文化。意境的创造是空间设

图5-7 公寓办公空间

图5-8 北欧风格客厅空间

设计简单舒适，触感温润，自然美观，搭配看似漫不经心，实则处处流露出居住者对舒适生活的向往与追求。

图5-9 儿童娱乐空间

空间色彩柔和、温润，布局宽敞，采光良好，非常适合低龄儿童游戏、玩耍。

图5-10 凤凰古城

图5-7	
图5-8	图5-9
图5-10	

凤凰古城依山而建，民居建筑沿山坡有序排布，沱江在两岸之间流淌，形成一幅优美的画卷

（a）用餐区吧台设计　　　　　　（b）用餐区隔断设计

（a）古城鸟瞰　　　　　（b）水景建筑　　　　　（c）夜晚水景

计文化的最高诠释，它不仅使人们从中得到美的感受，还能以此作为文化传导的载体，表现更深层次的环境内涵，给人们以联想与启迪。

★补充要点

建筑师路易斯·沙利文

路易斯·沙利文（Louis Sullivan，1856—1924）出生于美国波士顿，是芝加哥学派建筑师，在美国建筑史上占据着举足轻重的地位，是美国现代建筑（尤其是摩天楼设计美学）的奠基人，倡导建筑革新，反对历史折中主义。

沙利文提出三段法——将建筑划分为基座、标准层与出檐阁楼，对高层建筑造型的进行了创新。他主张"建筑设计就是为每座建筑赋予合适与无误"，并进一步阐释了"功能不变，形式亦不变"的理论。沙利文高度重视功能，成为首位提出"形式追随功能"这一口号的建筑师。他认为，装饰是建筑不可或缺的组成部分，然而他并未选择借鉴历史形式，而是以几何和自然形式为设计核心。其建筑设计作品有芝加哥大礼堂、温赖特大厦、芝加哥昌利住宅、保证大厦和中西银行大厦等。

三、艺术性原则

空间设计一方面需要充分重视文化性，另一方面又需要充分体现艺术性。在重视物质技术

手段的同时，应高度重视建筑美学原理，创造具有表现力、感染力和文化内涵的空间环境和形象，使生活在现代社会高科技、高节奏中的人们能在心理上、精神上得到平衡，这也是现代环境艺术设计中面临的问题。空间设计的艺术性较为集中、细致、深刻地反映了设计美学中的空间形体美、功能技术美（图5-11）、装饰工艺美（图5-12）。

四、可持续性原则

设计者和使用者越来越深刻地认识到，空间设计是人类生态环境的继续和延伸，设计者应更好地利用现代科技成果进行绿色设计（图5-13），充分协调和处理好自然环境与人工环境、光环境、热环境之间的关系，大力推广"绿色材料"的运用（图5-14），科学合理地设计，因地制宜，向可持续的生态空间方向发展。

图5-11 餐厅空间艺术

利用灯光、装饰带等装饰品表现出餐厅柔和、舒适的空间环境和形象。

图5-12 廊道空间艺术

廊道内设计重复排列的灯具，给人强烈的色彩视觉冲击，表现出设计者赋予空间的设计意义及美感。

图5-13 某温泉民宿

有别于传统的酒店或旅社设计，该设计将自然（温泉、木棚竹、栅栏等）带入了民宿。

图5-14 某展馆入口"环保竹迹"

在设计中宣扬可持续发展理念，将自然竹林融入场馆设计。

图5-11	图5-12
图5-13	图5-14

第三节 空间组合设计

一、单一空间与组合空间

单一空间可以由形态规则的几何体构成，如正方体、球体等。这些基本形态可通过叠加或变形等操作，衍生出更为复杂的三维结构（图5-15）。单一空间通过相互包容、交错或毗邻的方式，共同塑造出一种被称为组合空间的复杂的空间布局。

组合空间的构成，通常是一个较大的空间包围一个或多个较小的空间单元（图5-16）。这些大小不同的空间单元之间，往往存在着视觉和空间上的连续性，它们在大空间的框架下进行二次划分界定，形成所谓的"母子空间"。

为防止产生拥挤和压抑的负面感受，大空间必须满足一定的空间尺度。调整小空间的形状和位置，可以创造出充满活力和节奏感的设计效果。例如，多个子空间的有序排列，能够形成一种富有韵律感的模式。小空间不仅具有领域性和私密性的特点，同时也与周围的大空间建立了有效的交流渠道。

图5-15 单一空间

图5-16 组合空间

图5-15 | 图5-16

二、空间限定与分隔

空间的限定与分隔主要表现在封闭与开敞、静止与流动，空间序列的开合与抑扬等关系中。建筑物的承重结构，如墙体、柱、楼梯等都是分隔空间的因素。设计师应处理好不同的空间关系和分隔层次。同时，设计师在利用隔断、罩、帷幔、家具、绿化等对空间进行分隔时（表5-3），也要注意它们的装饰性。

表5-3 空间的限定与分隔

限定与分隔方式	空间分隔图	主要表现
建筑结构和装饰构架		利用建筑自身的结构和内部空间的装饰性构件进行分隔，构架以其简练的点、线要素构成通透的虚拟界面，具有力度感和安全感
较高的家具分隔		空间具有丰富的层次感，具有隔而不断的视觉效果；设计师通过运用各种设计要素，如低矮隔板、栅栏、玻璃、家具、植被、水体及悬垂物等，以象征性的手法对空间进行划分，从而物理边界的限制，强化空间的灵活性和流动性
界面高差的变化		利用界面凹凸和高低变化进行分隔，具有较强的展示性，使空间设计富于戏剧性和节奏感
垂直于地面的两个平行面		有限定空间的功能，具有动态方向感。在空间布局中，调整平行界面的色彩、质感与形状，不仅能够优化空间形态，还能显著改变其方位特性；多组平行界面的配置，能营造出一种流动、连续的，具有方向性的空间效果
垂直于地面的U形面		具有围合性，形成指向开放区域的方向感。在U形的底部区域，空间较为封闭，底部中心区域经过精心设计，能够产生视觉焦点，构成一个视觉中心；当人们接近空间的开放端时，能够感受到空间的连续性与流动性

限定与分隔方式	空间分隔图	主要表现
三条相互作用的垂直线		这是一种较为温和的空间限定方式，构建垂直界面来划分空间；通过提升垂直线条的数量，可以使得基面的边界更为清晰，将垂直线条的端点与水平面相结合，有助于提升整体的空间限定力度
四个垂直面		能够形成一个完整的封闭区域，向心性较强；边界清晰明确，具有较高限定度；调整某一面的外观造型，使其与其他面形成鲜明对比，不仅能在视觉上赋予该面以主导地位，还能够增强其方向性

三、空间组合与联系

空间组织影响着不同空间之间的互动与联系。在开展设计工作之初，设计师需对空间的物理和精神属性进行深入思考。设计者应根据使用功能细分出矛盾主次，捕捉问题核心，并兼顾室内外空间的协调。从独立空间的设计着手，逐步拓展至多个空间之间的序列编排，这一过程需要不断地调整与优化，以实现科学性、经济性、艺术性以及理性与感性之间的和谐统一。

研究空间就离不开平面图形的分析和空间图形的构成。空间的组织与构造，与空间的形式、结构和材料有着不可分割的联系。现代环境艺术设计充分利用空间处理的各种手法（表5-4），如错位、叠加、穿插、旋转、退台、悬挑等，使空间形式构成得到充分的发展。

表5-4　　　　　　　　　　空间的组合形式

空间的组合形式	空间组合图	主要表现
包容性组合		以二次限定手法，在一个大空间中包容一个小空间
对接式组合		多个不同形态的空间按照人们的使用程序或视觉构图需要，以对接的方式进行组合，组成一个既保持各单一空间的独立性又保持相互连续性的复合空间
穿插式组合		以交错嵌入的方式进行组合的空间，既可形成一个有机整体，同时又能够保持各自相对的完整性

空间的组合形式	空间组合图	主要表现
过渡性组合		不同空间相互交融，空间之间的过渡区域依据其功能需求和结构特性，能作为被多个空间的共同部分，亦能被特定空间所涵盖，从而实现空间资源的优化配置与高效利用
综合式组合		将自然与内外部空间元素相融合，形成一种具有灵活性与渗透性的流动性空间

第四节　案例解析：空间设计案例分析

在环境艺术设计中，建筑之外为综合性的环境空间，建筑之内，也就是由地面、墙体、屋顶及门窗等元素所围成的区域，构成室内空间。这一空间的形成，是人类利用特定的物质材料，从自然环境中划分出来的一片领域，划分一旦完成，空间的本质就从原始的自然空间转变为人为塑造的空间。

一、广州歌剧院（图5-17）

设计师： 扎哈·哈迪德，伊拉克裔英国女建筑师，被称为建筑界的时尚女魔头，是世界上唯一一位获得普利兹克奖的女建筑师

空间大小： 70000m²

设计理念： 源自被江水冲刷形成的"圆润双砾"的设计构思

建筑思想： 空间透明性、空间流动性

空间创作手法：　1. 拼贴与破碎——水平方向的空间组织；

　　　　　　　　　2. 层叠与转换——垂直方向的空间组织；

　　　　　　　　　3. 折叠——水平与垂直的空间交融；

图5-17 广州歌剧院（建筑大师扎哈·哈迪德设计）

外形设计似砾石，一大一小、一黑一白形成鲜明对比，凹凸的不规则几何形体和内部大跨度、大悬挑、倾斜的剪力墙柱形成复杂的不规则的建筑空间。

纯粹是一个非几何形体设计，倾斜扭曲之处比比皆是，其复杂的钢结构为国内首例。

建筑表皮的脊骨和结构框架是室内空间的支配性元素。

在空间内部，建筑师使用玻璃纤维增强石膏和固体表面处理蜿蜒的礼堂、门厅和排练空间。

（a）建筑外观　　　　　　　　　　（b）内部走廊　　　　　　　　　　（c）活动空间

二、清新田园风格家居空间（图5-18）

风格定位：清新田园风格

施工面积：120m²

设计理念：功能实用、崇尚自然，渴望贴切大自然

图5-18 清新田园风格家居空间

客厅地面采用斜拼仿古地砖，替代了呆板的直拼地砖，主背景墙以淡黄色硅藻泥为主，淡黄色给人温暖的感觉。

部分沙发是红白格布艺的，更加贴近田园风格的设计主题。

家具布置多以深色实木为主，与地砖相呼应，在凹入空间布置了儿童游戏空间。

沙发布置虽然不是同种颜色与样式，但都属于田园风格，靓丽的红色系沙发布艺恰到好处地装饰了客厅空间。

空间整体以黄色背景、灰蓝色底纹壁纸为主，搭配浅黄色乳胶漆墙面。

（a）客厅装修　　　（b）餐厅装修　　　（c）整体效果　　　（d）玄关装修

三、美式风格家居空间（图5-19）

风格定位：美式风格

施工面积：130m²

设计理念：功能实用、风格统一、注重细节，用设计改善生活

图5-19 美式风格家居空间

空间采用自由随意的美式装饰风格，整体营造出一种典雅、自然、舒适的轻松氛围，使客厅充满艺术气息。

舒适的灰黑色调家具，温柔的白色地砖，都给人一种"温文尔雅"的气质美感。

空间内并没有使用太多奢华的元素，相反，所有的装饰都非常简洁且富有质感，为了让空间更加具有典雅和谐的气氛，设计师在室内色彩上花费了不少心思。

（a）客厅装修　　　　　　　　　　　　（b）餐厅装修

四、案例总结

室内环境并非独立存在，而是与周围环境空间保持错综复杂的互动联系。因此，室内设计不应仅局限于其本身，而是应拓展至自然环境和城市景观这一更为宏观的视野中进行审视，这样不仅有助于为室内空间的塑造与优化，还能为空间内部区域提供更为合理的设计逻辑。

本章小结

从漫无边际的外太空到显微镜下的微观世界，客观的物质世界普遍以某种空间的方式而存在。从生命萌动时被母体包裹到生命终结后入土为安，人们每时每刻都在占据空间。在人们认识空间和创造空间的同时，空间还反映了其与实体、人及其感受之间复杂关系的不同侧面，从而帮助人们不断加深对空间的认识和理解，拓展创造空间的可能性，而这才是真正有价值的。本章尝试从不同角度和层面对空间进行分析和描述，以提高大家对空间的思考、想象和创造能力。

课后练习题

（1）常见的环境空间类型有哪些？

（2）空间设计应遵循哪些基本原则？

（3）单一空间与组合空间有哪些区别？

（4）观察生活，室内空间有哪些常见的组合形式？其功能有何不同？

（5）室内空间可采取哪些方式进行限定与分隔？

（6）分组讨论：怎样将室内空间与室外环境相结合？

（7）参观当地博物馆，分析其空间布局，在此基础上重新设计一套展陈方案。

第六章

人体工程学、心理学与环境设计

识读难度 ★★★☆☆

重点概念 人体工程学、心理学、概念、应用

章节导读 过去人们研究与探讨环境问题，经常会把人和物（机械、设施、工具、家具等）、人和环境（空间形状、尺度、氛围等）割裂开来，孤立地对待，认为人就是人，物就是物，环境也就是环境，或者是单纯地认为人应适应物和环境，对人们提出要求。环境设计十分重视视觉环境的设计，同时对物理环境、生理环境以及心理环境的研究和设计也已予以高度重视，并开始运用到设计实践中去（图6-1）。

图6-1 厨房空间设计

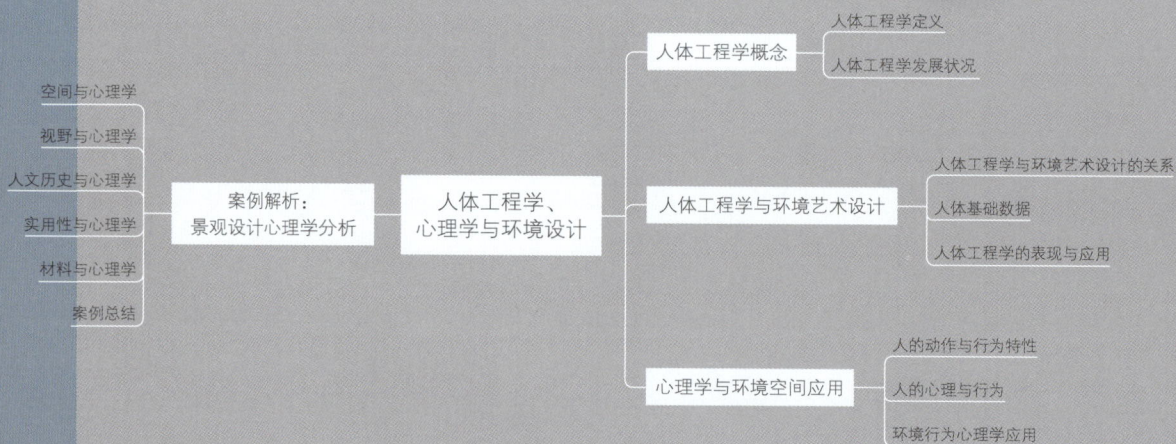

人体工程学概念
- 人体工程学定义
- 人体工程学发展状况

人体工程学、心理学与环境设计

人体工程学与环境艺术设计
- 人体工程学与环境艺术设计的关系
- 人体基础数据
- 人体工程学的表现与应用

心理学与环境空间应用
- 人的动作与行为特性
- 人的心理与行为
- 环境行为心理学应用

案例解析：景观设计心理学分析
- 空间与心理学
- 视野与心理学
- 人文历史与心理学
- 实用性与心理学
- 材料与心理学
- 案例总结

第一节　人体工程学概念

一、人体工程学定义

人体工程学（Ergonomics）起源于欧美，是20世纪40年代后期发展起来的一门技术学科。人体工程学主要以人为主体（图6-2），运用解剖学、生理学、心理学等诸学科方法，研究人体结构功能与空间环境之间的关系。

国际工效学会会章将工效学定义为："研究人在工作环境中的解剖学、生理学、心理学等诸方面的因素，研究'人—机器—环境'系统中相互作用的各个组成部分（效率、健康、安全、舒适）在工作条件下，如何达到最优化的问题"。可以看出，工效学是一门致力于研究人类与工程系统及所处环境相互关系的学科。

在不同的国家，人体工程学有多种称谓。在欧洲有人称之为工效学、人类工程学，在美国称之为人类工程学、人因工程学，在日本称之为人间工程学。而我国目前除使用上述名称外，还译成宜人学、人体工程学、人机工程学等。

二、人体工程学发展状况

人体工程学是一门关于技能与人体协调关系的学科，也是一门多学科知识穿插的学科。它的发展大致分为以下四个时期。

1. 萌芽时期

19世纪末至第一次世界大战期间，人体工程学的初期发展阶段得以显现。在这一时期，由于生产任务的高度紧张，一些工人出现了效率降低和操作失误的问题。这一现象促使了人类工效学领域的探究活动，其中包括美国工程师泰勒所开展的"时间与动作研究"，以及他的"铁锹实验"，同样还有吉尔布雷思夫妇进行的"砌砖实验"等众多学术探索。这些研究项目为人类与机器互动的早期科学研究，标志着工效学领域的诞生（图6-3）。

★补充要点

吉尔布雷思夫妇的"砌砖实验"

弗兰克·吉尔布雷斯（1868—1924）是一名工程师和管理学家，也是科学管理运动的先锋之一，在动作研究领域做出了卓越贡献。莉莲·吉尔布雷斯（1878—1972）是一位心理学家和管理学专家，她以美国首位女性心理学博士的身份，被尊称为"管理学的第一夫人"。

两人运用当时连续摄影技术，对建筑工人砌砖的过程进行了详尽的记录。通过对拍摄内容的分析，他们剔除不必要的动作，为工人制定了一套严密的操作流程，使工人的工作如同机械般标准化和规范化。他们的合作成果——《疲劳研究》在1919年面世后，被认为是美国关于"人的因素"研究的开创性工作。

2. 发展初期

第一次世界大战末至第二次世界大战，这段时期是人体工程学发展的初期。男人奔赴战场，导致女人成为这一时期的主要劳动力（图6-4），"应付工作疲劳""提高工作效率""加强人在战争的有效作用"成为这一时期的研究主题。

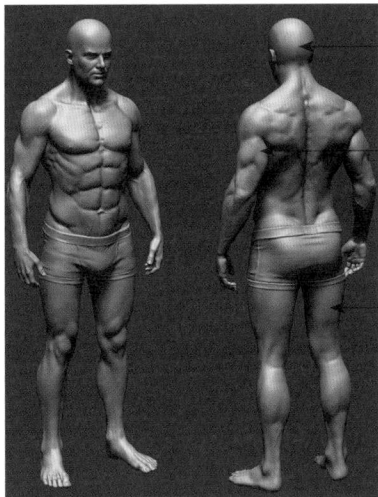

成年人的身高，7个半头长。

手臂长约为3个头长；上臂部分约为1个头长。

腿长约为4个头长；大腿部分约为2个头长。

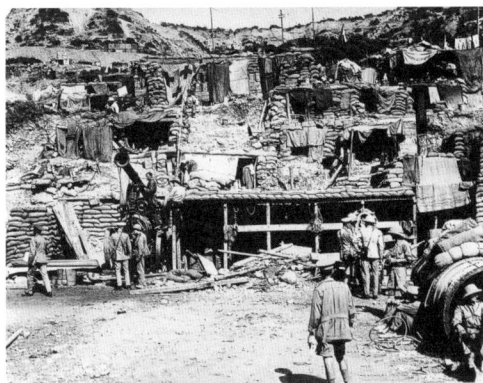

（a）高度紧张的战争期间

（b）吉尔布雷斯夫妇

图6-2 人物比例关系

图6-3 第一次世界大战期间
战争对物资的需求量加大，人工的操作效率低下，人们开始着手各项试验的研究，初步实现人类工效学的研究。

图6-2
图6-3

3. 成熟时期

第二次世界大战末至20世纪60年代，人体工程学领域经历了显著的发展。随着科技的迅猛进步，各类复杂武器与机械的诞生成为可能，这一变迁使人体工程学研究焦点发生转变。"人适应机器"逐步演变为"机器适应人"，此举旨在降低工人的操作疲劳和人为失误，从而显著提升工业生产效率（图6-5）。

4. 鼎盛时期

自20世纪70年代起，人体工程学这一学科开始广泛渗透至人类社会活动的多个层面，进入了深入发展阶段。1950年，英国成立全球首个工效学学会。1957年，美国也跟进成立了人类因素学会。1961年，国际人类工程学学会建立，该学会在瑞典首都斯德哥尔摩成功举办了首届国际会议（图6-6）。我国在人体工程学领域起步较晚。1989年，中国人类工程学学会成立。该学会在1991年1月被正式接纳为国际人类工程学学会的成员。自此，中国的人类工程学研究主要围绕以下几个方面展开（图6-7）。

(1) 人的特性的研究；

(2) 机器特性的研究；

(3) 环境特性的研究；

(4) 人—机器关系的研究；

(5) 人—环境关系的研究；

(6) 人—机器—环境关系的研究。

图6-4 第二次世界大战期间的士兵

士兵连连征战，生产劳动人手严重不足，提高生产效率势在必行。

图6-5 战争武器坦克

第二次世界大战后，复杂化武器步入生产，工业科技发展如火如荼。

图6-6 第一次人类工程学国际会议召开地点（斯德哥尔摩）

图6-7 我国召开人类工程学会议

图6-4	图6-5
图6-6	图6-7

第二节　人体工程学与环境艺术设计

一、人体工程学与环境艺术设计的关系

环境即"周围的情况"，相对于人而言，环境可以说是围绕着人们并对人们的行为产生一定影响的外界事物。环境本身具有一定的秩序、模式和结构。环境艺术设计是指在各种具体

设计的最终服务对象是人，因此，在这个厨房空间（环境）中，设计师必须以人体工程学的尺度为参照，按房屋业主（人）的实际需求和特殊要求来安排空间。

厨房空间内，所有的吊柜至操作台的距离及操作台至地面高度等都必须遵循人体工程学，方便业主更好地享受设计及使用家具。

立于湖面上的回廊式建筑通常仅供游人观赏美景，因此它的栏杆一般不是很高，但也不会过于低矮。

栏杆符合人体工程学的同时兼具实用功能，又不失典雅。

（a）园内水景

大门屋顶式牌楼要比横门式坊门更为庄重、美观、轩昂。

一般牌楼的中间一间特别高大宽广，便于古代车马通行，左右两侧各间较为低矮窄小，供行人出入。

（b）园区入口

图6-8 符合人体工程学的厨房空间
图6-9 须江公园景观

图6-8
图6-9

环境里，如室内居住环境或公共环境里，如何使"人"与"环境"达到最优化的问题（图6-8、图6-9）。

环境艺术设计的核心在于满足人类的需求。在探究"环境"与"人"之间的和谐互动的过程中，人机工程学成为一个不可或缺的考量因素。在环境艺术设计的学科体系中，人体工程学不仅是专业教学计划中的一门关键必修课程，同时也构成了环境设计与工程学科交叉融合的理论基石。

人体工程学的核心在于强调"以人为本"的设计哲学，它为环境艺术设计提供了坚实的理论基础。该学科融合了环境艺术在目标设定、方法论以及价值意义等多维度的内涵，并以人体测量数据为依据，具备了高度的实用性和可操作性。

"以人为中心"的设计理念对当代高速发展的社会产生了"人性化"的影响，涉及科技、家庭至各行各业。人体工程学最根本的工作是运用其各方面的知识，认真详尽地分析人类活动。人体工程学者必须研究人提出的各种需求，以及任何外界变化可能产生的影响，最关键的是要了解使用者。

"人、设施、环境"三者之间的关系好比鱼与水，彼此互相依存。从艺术的角度来说，人体工程学的首要功效在于经过对人的心理及心思的准确看法，使一切情况更适合人类的生活需求，进而使人与环境达到一致。

环境设计中，人体工程学的核心作用体现在为界定空间提供理论基础，并为家具（图6-10）及设施的设计提供参考。众多因素共同影响空间形态，最为关键的因素无疑是人类活动范围的限制，以及设备的种类、数量和尺寸。鉴于此，在大多数设计实践中，只有依据人体工程学原则，方能打造出更加宜居的环境，满足人们的基本生活需求。

二、人体基础数据

人体基础数据涵盖了一系列相互关联的参数，如人体结构、尺寸以及动作范围等。与人机工程学紧密相关的人体结构，涉及骨骼、关节和肌肉在神经系统调控下的协调运动。例如，脊柱不仅作为人体的支柱，还能够完成多种动作；关节连接着骨骼，赋予人体活动能力；骨骼肌在神经系统的指令下进行收缩或舒张，确保身体各部分协调运动（图6-11）。人体尺寸作为人机工程学研究的基本数据，展示了不同年龄、性别、地区、民族及国籍之间的差异。

人体动作域是人们在室内从事各种工作和生活活动范围的大小，也是确定室内空间尺度的重要依据之一；人体动作域的计测方法多种多样，人体尺度数据相对固定，但其尺度是动态的，与活动情景状态有关（图6-12）。

三、人体工程学的表现与应用

人体工程学是近数十年发展起来的新兴综合性学科。其在环境艺术设计中的表现与应用的深度和广度，还有待于进一步研究和开发。

图中标注（人体构造）：
锁阔
肱骨
骨盆
尺头
桡骨

胸阔
胸骨
肋骨
脊柱骨
手骨
股骨
髌骨

胫骨
腓骨
脚骨

背骨伸直不压迫腹部
有一定空隙不压迫大腿内侧
扶手高度适当，肩部舒适

腰椎的支持高度适当，背骨接近于自然状态
支撑坐骨点的位置正确，体压分布适当

腰部没有支撑背骨成拱形弯曲，腹部受压迫
扶手过高造成肩部肌肉容易疲劳僵硬
坐面过凸，引起大腿骨回转

坐面过深，座位前沿过硬，身体受到压迫，阻碍血液流通
坐面过于柔软，易向内侧扭曲

图6-10 常见室内办公家具

图6-11 人体构造

图6-12 人体坐姿尺度

图6-13 人在空间中的活动流线

以人体尺度为主要依据，从①入户进门②门厅换鞋③厨房操作④餐厅就餐⑤客厅休闲⑥卫浴盥洗⑦卧室就寝，全程预留合适空间，满足人体最佳体验尺度。

图6-10
图6-11　图6-12
图6-13

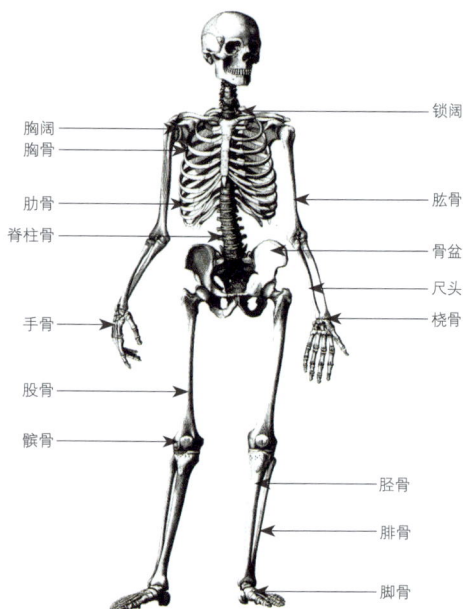

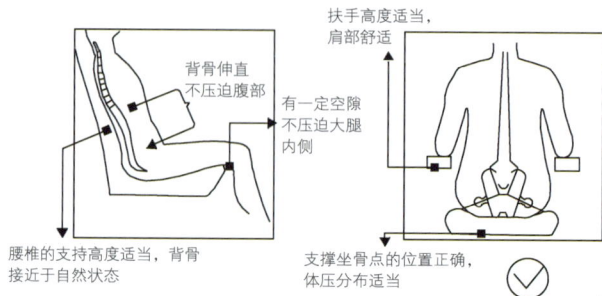

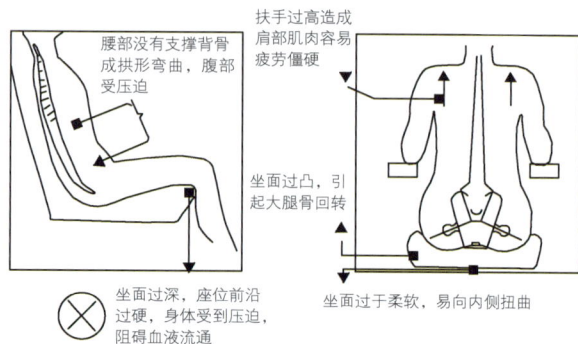

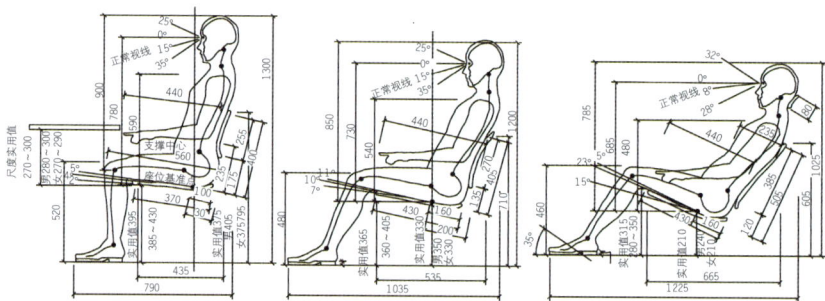

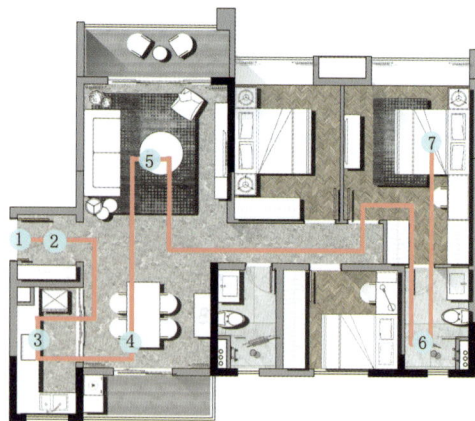

1. 确定人在环境中活动所需空间的主要依据

通过对人体工程学实验数据进行分析，根据人体尺寸、动作域、心理空间以及人际交往的空间参数来确定空间边界，进而影响家具和设施的设计形态、尺寸及其应用范围。在室内外环境设计中，空间模数的选择也需依赖此类研究成果，并与人体在空间中的活动紧密相关（图6-13）。

室内设计常用的空间模数为300mm，这一数值基于人体姿态和行为尺寸的测量，同时也是评判室内装饰材料的规格是否契合的标准。该数值之所以能成为室内空间设计的关键模数，在于其在行为心理层面以及室内平面与立面设计中所发挥的控制作用。

2. 确定家具的形态、尺度及其使用范围

建筑空间的尺度、家具等设施的尺度以及家具之间的布置尺度，都必须以人体尺度为主要依据。同时，人们为了使用这些家具和设施，必须将其进行合理摆放，预留出活动和使用的最小余地，如进餐空间（图6-14）、休息空间（图6-15）、工作空间（图6-16）、会客空间（图6-17）。这些都需要符合人体工程学。

对此，美国工业设计师、建筑师亨利·德莲弗斯列举了一些不符合人体工程学的座椅设计，它们有以下共同特征。

图6-14 进餐空间

以人体尺度为主要依据，最重要的是保留过道空间。

图6-15 休息空间

图6-16 工作空间

摆放书籍的铁艺书架——当我们需要取放书籍时，不必踮起脚尖便能轻松应付；可供多人伏案书写的木质办公桌椅——当我们努力工作时，不会被别扭的坐姿所影响，可舒心地完成工作。

图6-17 会客空间

可以看到，空间内所有的家具都是"矮家具"，矮电视柜、矮茶几、矮沙发……这样的选择，一方面，比较节省空间，在无形中让居室变得宽敞明亮；另一方面，低矮的家具最容易营造出慵懒自然的家居氛围，看上去很清爽。别看它们那么矮，其实这些家具也是根据人体工程学来设计制作的，使用时跟一般尺寸的家具无异，甚至体验感更好。

图6-14	图6-15
图6-16	图6-17

低矮、小巧的家具可以说是"身兼数职"，是休息的地方，也是空间的装饰品，同时还不会让人置身此处感觉到拥挤。

这是一处简易的休息空间。由于空间的局限性，在房门口设置了休息区，目之所及只有一张矮小的简易小桌、一把扶手摇椅和一架摄影器材，高雅又不失可爱。

（1）扶手宽度超出常规；

（2）椅面设计过度凹陷；

（3）椅座前端高度超标；

（4）座面深度过大；

（5）支撑点定位不准确；

（6）靠背曲面过度弯曲。

第三节　心理学与环境空间应用

　　环境心理学是研究环境与个体行为间互动机制的学科，专注于在构筑环境中个体心理状态的倾向性。主要从心理学和行为学视角出发，旨在寻求人与环境互动的最佳状态（图6-18）。其研究范围横跨心理学、人体工程学、医学、社会学、人类学、生态学、城市规划、建筑学以及环境艺术等多个学术领域。

图6-18 人工环境中关于人们的心理倾向的研究课题

该设计不仅是售楼部，而且是一个文化平台，一种未来的生活形态；在满足销售功能的基础上，打破消费者常规的行为模式，提出"赏·阅·品·享"的概念，并把四个内容贯穿在室内空间及行为模式上。

图6-19	
图6-20	
图6-21	图6-22

（a）就寝空间

（b）就寝行为

一、人的动作与行为特性

人的动作和行为具有各种共通性的习惯性。这样的倾向或习惯成为人的习惯特性，这不仅是人们自身所具有的特性，也影响到空间及家具设施等的使用状况。

1. 关于门在哪一侧开启，可以看出人的习惯特性

对于各种门的习惯性开启方式（旋钮、把手、按钮等的方向操作）进行调查，结果显示人们选择右手操作的倾向较强，"向右旋转→输出增大→开"成为固定的观念（图6-19）。

2. 人的就座方式不同，可以显示出某种倾向

研究表明，人类在空间布局上存在一种偏好，即倾向于将墙体、窗户置于身体朝向的左侧或前方，将门户置于后方。这种现象能够反映出文化差异，东方人倾向于面向墙体或窗户而坐，西方人则偏好背对墙体或窗户。超过八成的人倾向于将远离门户、壁炉前方或邻近墙的位置，或是视野开阔的座位视为上座（图6-20）。

3. 人的就寝方式不同，可以显示出某种倾向

关于就寝方式，可以看出有把墙、窗置于头部一侧，而把门置于右侧或脚部一侧的倾向（图6-21）。

二、人的心理与行为

美国建筑师艾尔伯特·拉特里奇提出，在环境设计的实践中，成功的关键在于深刻理解并满足使用者的行为需求，这一理念应贯穿于设计的全程。具体而言，设计的核心在于迎合使用者的行为特征。在环境与人的互动中，尽管个体心理与行为存在显著差异，但通过对整体进行分析，可以发现普遍存在的相似性或共性（图6-22）。

1. 领域性与个人空间

领域性与个人空间意识在人视为多个年龄段中存在，已经被大众默许。最初，领域性空间意识可能仅体现为一种无意识的行为趋向，但随着时间的推移，这种趋势逐渐演化为实际上的地域特权。领域性空间之所以形成，是因为它持续被特定群体所使用，进而导致该地点的领域性特权在无形中得到人们的认可。

（1）个人空间和领域性都涉及空间范围内的行为发生，都是人们在心理上

图6-23 个人空间

图6-24 领域性空间

图6-23 | 图6-24

形成的空间区域。个人空间受到现实条件的影响，随着人的走动而移动，并随着环境条件的不同而发生尺度、方向上的变化（图6-23）。而领域性空间却是地理学上的一个固定点，不会随人的移动而变化（图6-24）。

（2）领域性是一种空间范围，原是生物在自然环境中为取得食物和繁衍生存的一种行为方式。人们常常根据不同的场合、不同的对象，下意识地调整彼此之间的距离。人与人之间的空间间距也反映了他们之间的心理距离。人们往往都希望使自己或自己所属的群体与其他人相对隔离开来，从而形成多个空间领域。

★小贴士

人际交往的空间领域

在人际交往的过程中，个体往往会不断调整自身与他人的距离，而这种社交距离往往大于实际所需的空间距离。在不同的社会情境下，人际交往的空间领域呈现出显著的差异性。人际关系的密切程度与空间距离存在一种逆向关联，关系越亲密，个体间的空间间距越短。一旦有人违背了这种潜在的距离规则，便可能引发周围人的不适。

霍尔的研究成果表明，基于人际关系的紧密度及行为特征，可以将人际空间距离划分为几个级别：亲密距离、个人距离、社交距离以及公共距离。此外，性别、教育水平、职业、民族以及宗教信仰等因素也会对人际距离产生显著影响。根据霍尔及其他学者的研究，人际距离可以进一步归为排他域、会话域、接近域、相互认识域及识别域，各个阶段的特点如下：

排他域（≤0.5m）：此区域内，他人不宜进入；

会话域（0.5~1.5m）：进行日常对话时所保持的距离，非交谈状态下，他人通常不倾向于进入；

接近域（1.5~3m）：适宜进行对话，但在此范围内，他人视线难以交汇；

相互认识域（3~20m）：能够辨认对方的表情，并进行相互问候；

识别域（20~50m）：能够辨识对方的身份。

此外，人际关系的性质及交往目的也会决定个体间的距离和私人空间。研究发现，基于不同的交谈目的，人们会选择不同的座位，以适应各自的空间需求。

2. 私密性与尽端趋向

私密性是人对人际界限的控制，它包括限制与寻求接触双向的过程。人在特定的时间与情景下，有一个主观与他人接触的理想程度，即理想的私密性。可以说，私密性也是寻求人际关系合适化的一个过程。

当然，人的私密性要求并不意味着自我孤立，而是希望有控制、选择与他人接触程度的自由。理想的私密性可以通过两种方式来取得，一种是利用空间的控制机制（图6-25）；另一种是利用不同文化的行为规范与模式来调节人际接触（图6-26）。

私密性涉及在相应的空间范围内，包括视线、声音等方面的隔绝要求，以及提供与公共生活联系的渠道。相关调查表明，人们总是设法开阔自己的视野，但本身又极不想引人注目。可以说人们普遍具有这样的一种习惯，对于空间的利用总是基于接近回避的法则，即在保证自身安全感的条件下，尽可能地接近周围环境以便更多地了解它。而那些既有良好观景（或是观看他人活动）效果，又能获得静谧与安全感的位置，无疑是人们的最佳选择。

在特定空间中，人们往往依据"就近性、向背性、依靠性"的原则来选择具体位置。就近性原则指到达目的地的便利程度，向背性原则指关注地点的观赏价值，安全性原则则关乎个体是否能在该环境中获得安全感。以座椅设计为例，椅背常被作为支撑点，以提供舒适的依靠（图6-27）；栏杆、隔离墙及水池边缘地带更加易于聚集人群（图6-28）。

根据文化人类学者霍尔的研究，人们在谈话时，即使有带座位的家具，也尽量保持相对型的形式和距离，如书店展架、电车的座位都是从两端开始占满空间的。

3. 看与被看

大多数人（尤其是单独的使用者）在休息时都愿意选择面对人们活动的方向。人看人、看与被看的行为规律，早就为众多的调查研究所证实，带有很大的普遍性。

对他人充满好奇是人的特性之一。在对他人进行观察的过程中，个体自己与社会的联系性进行评估，在心理层面获得归属感和认同感（图6-29）。有观点认为，"观赏他人"本身是一种无尽的乐趣。同时渴望被他人注视也是人类的一种本能需求，吸引他人的目光能触发个体愉悦的情感，若缺乏注视，那种愉悦感便会消失。

4. 边缘效应

在我国城市广场的实地考察中，观察到一种现象：广场边缘地带几乎都布置了水体、草坪与硬质铺装（图6-30、图6-31），辅以台阶、排列整齐的路灯或树木等景观元素，在视觉上与广场地面形成鲜明对比。此类界限对于来往的游客。

这是因为边缘界面总是给人一种控制环境的感觉，环境中的这些次要标志，有助于人们达

图6-25 办公空间

利用社会控制机制达到约束的效应，从而实现空间的私密性。

图6-26 公共空间

在公共空间中，人和人之间遵循接近回避的交际法则，从而实现空间的私密性。

图6-27 靠背座椅

图6-28 水池边缘聚集的人群

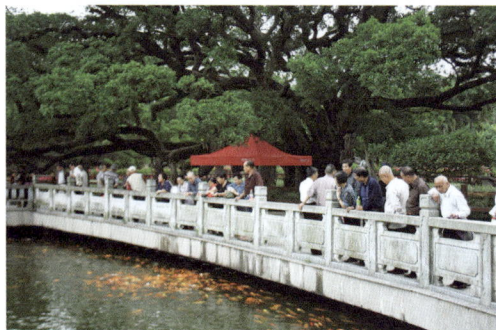

图6—25	图6—26
图6—27	图6—28

城市公共空间就像一个巨大的舞台，民众既是观众也是演员；不少人去热闹的地方看热闹，同时也是为了让别人来看他，还有的人消磨不少时间，就是为了把人们的注意力吸引到能显示自己身份的标志上。

到上述目的。而明显的分界线不仅能够提醒使用者他们所占的区域范围，而且也帮助他们不会在无意间闯入别人的领域。

边界效应同时也能反映人类对空间私密性的需求。对追求私密性的人而言，这种需求非源自对空间的持续占有，而是在需求出现时想要维持对舒适环境的使用权。边界在维持私密性中扮演重要角色，能够确保个体与他人保持适当距离，避免过度暴露于他人视线之下，又能维持一种既亲近又独立的关系状态，以便在遇到各种突发状况时能灵活应对。

5. 空间形态与心理行为

设计环境空间时，需重视人类生活经验与现实需求。一方面，空间不仅应满足人的行为和心理需求，还要与习俗、文化等多重因素存在发生内在联系（图6-32），空间设计需兼顾这些要素，以达到与使用者的和谐共鸣；另一方面，环境空间对使用者产生的反向影响力也不容忽视，空间通过人的感知系统发挥作用，改变个体的心理模式，进而影响其行为方式。这一互动过程不断循环，要求设计师在研究环境空间布局时，关注人的行为空间模式，如活动地点选择与空间特性的匹配等，明确空间形态与人类心理、行为之间的互动关系。

以室外空间为例，人们倾向于在主要道路或宽敞、整齐的空间中开展活动（图6-33）。这类空间在心理层面上给予人们一种本能的信赖和安全感，不论年龄层次，宽敞空间的使用效率通常被认为更高。

三、环境行为心理学应用

1. 环境设计应符合人的行为模式和心理特征

日益恶化的生活环境引起了人们极大的关注，环境如何才能更好地与使用者的行为心理相协调？这一问题要求人们在新的条件下，更深入地研究环境与人们行为心理之间的关系。

在相当长的一段时间里，设计师自信能够按照自己的意志创造一种新的物质秩序，甚至一种新的精神秩序。他们认为环境是决定人体行为的重要因素，相信使用者将会按照设计的秩序

图6-32 道路旁的健身器材

环境中的健身器材引导着人的行为活动，人们的行动需求造就了空间的形态。

图6-33 道路

道路的宽窄、铺设材质等因素影响着空间。

图6-34 在公园练太极拳的人

图6-35 在公园嬉戏、游乐的人

图6-32	图6-33
图6-34	图6-35

去使用和感受环境。这种变相的"环境决定论"造成了人与环境的隔阂。人们通过"环境行为"的研究来探索行为机制与环境的关系，然后由具体的环境设计来加以满足，其结果必然是使环境更加符合人们物质与精神的要求。

环境设计的目标在于满足人类需求，而人类本身是活动的、多样化的。不同人在文化、经济、年龄、性别及职业等方面有不同，其行为模式和心理特征也存在显著差异（图6-34、图6-35）。对于特定环境下人类行为与空间交互模式的研究，能为环境艺术设计提供重要指导。

在环境艺术设计中，了解使用者在特定环境中的行为与心理特征，能避免设计师只凭自己的经验及主观意志进行设计的问题，从而在设计师与使用者之间架起一座沟通的桥梁，使设计建立在科学的基础之上。

2. 认知环境和心理行为模式对组织空间的提示

环境艺术设计中，明确空间组织与心理行为模式之间的相互作用非常关键。空间秩序，即人类行为在时间维度上所展现出的规律性与倾向性，在各类环境场景中表现得尤为显著。例如，公共交通工具上的乘客数量，会随着通勤高峰期的来临而呈现出周期性的波动，设计师应理解和把握这些时间阶段对优化环境场所的显著意义。

同时，空间的流动性也不容忽视，这一概念涉及个体在环境空间内的位移。在日常生活中，人们基于特定目的在不同空间之间的移动，往往显示出一定的规律性与趋向。通过对这些流动特征的分析，设计师能够更加精确地规划空间布局，以满足使用者的需求（图6-36、图6-37）。

最后是空间的分布，指在某个时间段，人们在空间中的分布状况。经过观察可以发现人们在环境空间中的分布是有一定规律的。人们将这种人群在环境空间中的分布归纳为聚块、随意和扩散三种图形。

人类行为与空间之间存在密切联系，其中蕴含一定规律与秩序，能够显示出社会体制、习俗、城市布局及建筑空间的影响。这些规律和秩序在人们的行为模式中得到反映。设计师可以借助这些模式，展开设计方案的创新构建，并对不同方案进行比较、分析与评估。

图6-36 地铁人流高峰期

图6-37 地铁人流低峰期

地铁的人流量有一定的规律，在空间的设计中，需要设计者进行充分的研究，然后再作出判断。

图6-38 水上乐园

水环境的存在让游乐方式更加多样化，与水有关的游乐项目更多。

图6-39 游乐场

游乐场大多建在敞亮、平坦的环境中，通过地形、面积来规划游乐区域。

图6-36	图6-37
图6-38	图6-39

3. 使用者与环境的互动关系

在特定的社会关联中，人被同时看作是主动和被动的关系，即在决定社会与环境形式方面是主动的，而在受社会和环境影响方面则是被动的。这种人与环境的互动关系是一个阅读的过程。人类生活方式的变化导致对空间需求的变化。

环境艺术设计应研究城市生活的规律，研究不同时间和地点人们活动的特点，从而达到满足人们对空间环境需求的目的。如果人们没有按照设计意图来使用空间环境，说明设计师没有结合使用者与环境之间的互动性。

空间环境与人类行为存在一种互补性联系。设计师在设计过程中，应着重考察人在空间中扮演的角色和人体活动在空间中的具体功能，深入分析空间环境与人类活动间的交互作用（图6-38、图6-39）。在一定程度上，人类的行为塑造了空间的功能特征，而空间环境同时也在不断地影响并塑造着人类个体。

第四节　案例解析：景观设计心理学分析

一、空间与心理学

人们在生活中需要私人空间享受独处，同时也需要公共空间参与社会实践。在环境心理学领域，学者们提出了"社会向心"与"社会离心"两种空间理论，在园林景观设计中，公共空间与私密空间的划分被视为一种相对性的概念（图6-40）。在设计理念上，设计师应以促进人群聚集为核心，同时平衡开放性与私密性。私密性可以被理解为个体对空间侵入程度的自主控制，人对于私密空间的需求，可能理解为对空间的支配、控制权，或是在群体中保持低调、不被瞩目的性格倾向。

二、视野与心理学

视野的开阔程度能给人带来不同的心理感受，景观开阔程度的高低能影响对游客的吸引程度（图6-41、图6-42）。

三、人文历史与心理学

中国家居文化浓厚，人们对美好居住环境心生向往之情。利用地形的特点，因势利导，创造一个吉祥、和谐的设计概念，更容易说服甲方从心理上接受（也是一种心理需要）（图6-43）。

四、实用性与心理学

现代设计师在设计庭院时，不会一味地延续前人的庭院造景模式。随着时代更迭，更多新的、实用的造景工具被生产出来，如花架、果架等既具有实用功能又具有审美功能的景观，让生活环境更精致（图6-44）。

五、材料与心理学

材料的选取是景观设计中的必修课。设计师根据不同的环境挑选出适宜的建材，同时考虑到实用性与使用者的审美需求。临近水体的道路，铺设具有防滑和防水特性的地砖是必要的，来降低行人滑倒的风险；光照充足的区域，应规划增设适量的休闲座椅，营造出舒适的休憩空间（图6-44、图6-45）。

图6-40 淡水小白宫

景观设计既是公共空间（古迹园区），也有自己的私密性，如广场要设置冠荫树，公园草坪要尽量开放，草坪不能一览无余，要富有层次感等。

图6-41 空间视野开阔（小白宫）

视野开阔的空间显得空旷、广袤、自由、灵活。

图6-42 空间视野狭小（小白宫）

视野狭小的空间给人心理上会带来紧促、压力、沉寂、热闹的感受。

图6-43 空间园林的实用性

在景观设计中，漂亮的园艺景观使人们既可欣赏到美景，又可获得心理上的满足感和充实感。

图6-40	
图6-41	图6-42
图6-43	

（a）空间建筑

（b）空间结构模型

（a）

（b）

图6-44 软铺地面

软铺地面，给人柔软之感，更亲近大自然。

图6-45 硬铺地面

硬铺地面，给人厚重结实、严肃的感觉。

图6-44 | 图6-45

六、案例总结

在进行园林景观设计时，无论是布置一座人工山峰还是构建一个植物景观空间，设计师都需结合其空间位置。充分考虑人们的心理动机。应通过精心构思的空间设计，彰显物体最具吸引力的特质，进而引导人们对物体产生良好的感知体验。

本章小结

环境设计不仅仅是使人们的生活居住等环境产生变化，其中还蕴含着人机工程学、心理学等学科要素。作为一名景观设计师，需要全方位了解景观设计专业中的重要课程，结合"人—物—环境"的联系，以人为主体，适应"物"与"环境"之间的关联。在环境设计中，设计师充分考虑人机工程学、心理学的设计要素，才能设计出更多喜闻乐见的生活环境。

课后练习题

(1) 人体工程学的发展经历了哪些时期?

(2) 人体工程学在设计中有哪些作用?

(3) 人在环境空间中表现出了哪些心理行为模式?

(4) 人际交往的空间领域分为哪几种?

(5) 什么是边缘效应? 怎样利用边缘效应打造出适宜的公共空间? 结合生活中的公园进行分析。

(6) 分组讨论：怎样在环境艺术设计中应用好环境行为心理学?

(7) 从环境心理学的角度出发，谈谈如何在公共空间设计中融入中国传统文化思想。

第七章

环境艺术设计技术

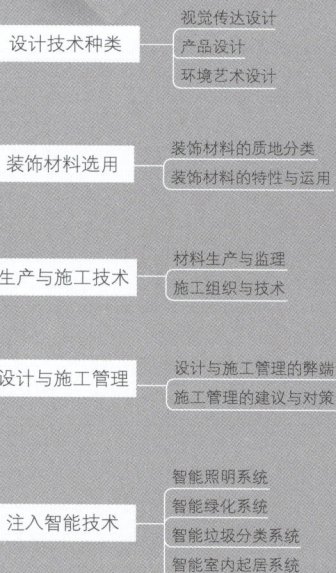

识读难度 ★★★★☆

重点概念 装饰材料、生产与施工、技术、管理

章节导读 现今,科技发展迅猛,科技在各个不同行业领域中都有所应用。在科技迅速发展的大环境下,环境艺术设计也深受科学技术的影响,尤其是在环境艺术设计的手法、施工技术和材料等方面,都非常直观地体现着现代技术的成就。其中,"材料"是设计师用来表达情绪、灵感、知识的物质载体,艺术家借助不同的材料进行精神创造,加上不同的常识和经历,形成了丰富多彩的艺术形式(图7-1)。

图7-1 空间结构

设计技术种类 —— 视觉传达设计
产品设计
环境艺术设计

装饰材料选用 —— 装饰材料的质地分类
装饰材料的特性与运用

绿城·安吉桃花源
北欧风格小公寓 —— 案例解析:室内设计材料分析 —— 环境艺术设计技术 —— 生产与施工技术 —— 材料生产与监理
案例总结
施工组织与技术

设计与施工管理 —— 设计与施工管理的弊端
施工管理的建议与对策

注入智能技术 —— 智能照明系统
智能绿化系统
智能垃圾分类系统
智能室内起居系统

第一节 设计技术种类

设计作为一种创造性活动，其内涵丰富而多元，展现出显著的跨学科特征和深入各领域的渗透力。因此，设计类型的界定并非绝对，而是依据特定的分类标准进行相对的归类，这种归类可以细化为几个主要方向：传递信息的视觉传达设计，以实用性为宗旨的产品设计，注重居住功能的环境设计，追求审美价值的装饰艺术设计和传承文化精髓的民间艺术设计。

一、视觉传达设计

视觉传达设计（图7-2、图7-3）是指利用视觉图像进行信息传达的设计，是探讨和解释艺术设计的功能、目的、美感的形式法则。其主要处理和解决人与物之间视觉信息的完美交流，进一步完善人类在设计领域的认知观念。

视觉传达设计依托视觉符号体系，借助人类的视觉感官——眼睛，向人们传达特定信息。起初，视觉传达设计的核心内容涵盖杂志、海报、广告宣传以及其他形式的宣传物料设计，其设计空间主要局限于二维平面。然而，随着科技进步，新型材料和技术不断涌现，视觉传达设计的媒介已不再局限于传统的印刷媒体。以下是视觉传达设计所包含的主要分支：印刷设计（图7-4）、广告设计（图7-5）、包装设计（图7-6）、展示设计（图7-7）、书籍装帧设计、影像设计、视觉环境设计（公共环境的标识和色彩的设计）、企业整体形象设计。

★小贴士

视觉传达设计三大基本要素

视觉传达设计三大基本要素分别是图形、色彩和文字（图7-8～图7-10）。

图形是视觉传达设计中最基础的元素，包括点、线、面等基本形状以及由这些形状组成的复杂图案。图形能够直观地表达设计主题，吸引观众的注意力，并引导观众理解设计内容。

色彩能够激发人们的情感，传递设计师的情感意图。在视觉传达设计中，色彩决定了画面的整体氛围，并能够显著增强作品的视觉冲击力。

文字是视觉传达设计中不可或缺的元素，能够传递详细的信息，使观众更好地理解设计内容。通过字体设计与文字排版，能够增强设计作品的专业性和易读性，有效强化整体效果。

图7-2 视觉传达毕业设计作品

图7-3 山海经图形设计

图7-4 印刷设计

图7-5 广告设计

图7-6 包装设计

图7-7 展示设计

图7-2	图7-3	图7-4
图7-5	图7-6	图7-7

二、产品设计

产品设计以立体工业产品为主要设计对象，通过审美造型来传达出产品的功能与使用价值，是将实体媒介转化为美观形态的创造性过程（图7-11）。

从生产模式上来看，产品设计可被细分为以手工制作为实现路径的手工艺设计和基于机器批量生产的工业设计。而按照设计的本质属性，产品设计则可归类为样式设计、形式设计和概念设计等不同类型（图7-12）。在此过程中，设计者通过不同的方法与手段，赋予产品独特的形态和功能。

样式设计（图7-13）是指在现有的技术、设备、生产条件和产品基础上进行设计，对现有产品的使用情况、技术、材料和消费市场进行研究，在此基础上改进设计；形式设计（图7-14）是指着重对人的行为和生活难题进行研究以后，设计出超越现有水平，满足数年后人们新需求的产品样式，强调的是生活方式的设计；概念设计（图7-15）是指不考虑现有生活

图7-8 文字

图7-9 图形

图7-10 色彩

图7-11 草木间奶茶VI设计

图7-12 工业设计按产品的种类划分

图7-13 样式设计

"东方喜事"饮品样式设计。

图7-14 形式设计

工业产品画册设计是一个完整的宣传形式设计。

图7-15 概念设计

衍生品概念及内容提取故宫典藏作品和建筑元素而成。

图7-8	图7-9	图7-10
	图7-11	
	图7-12	
图7-13	图7-14	图7-15

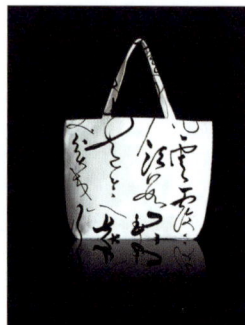

工业设计按产品的种类划分

文教用品设计 · 交通工具设计 · 家电设计 · 其他设计 · 家具设计 · 服装设计 · 纺织品设计 · 日用品设计

水平、技术和材料，看重设计师在预见能力所能达到的范畴内，考虑人们对未来产品的形态需求，是一种从根本概念出发且具有开发性的设计。

★补充要点

产品设计要素

产品设计中的设计要素可归纳为三个主要方面：产品功能、外观形态及实现功能与形态的技术。产品功能是产品所体现的特定作用和能力，也是产品设计的核心所在；外观形态是功能的外在表现，构成了产品可视和可触的物理形状；物质技术条件是指实现功能和形态所必需的材料，也包括用来实现材料加工的技术、工艺和设备。

三、环境艺术设计

环境艺术设计通过艺术化手段对建筑空间界面进行修饰，包括对形态、色彩和质地的调整。这些界面包括室内外墙柱面、地面、顶棚和门窗等，环境艺术设计的内容是对这些界面进行造型上的美化处理，运用自然光和人工照明、家具、饰物的布置，植物花卉与水体及小品雕塑的配置，塑造出适宜的室内外环境氛围，满足使用者在视觉审美和使用上的需求。

以专业类别来区分环境设计，可以分为：城市规划设计（图7-16）、园林景观设计（图7-17）、建筑设计（图7-18）、室内设计（图7-19）、公共艺术设计（图7-20）这五大类型。

图7-16 城市规划设计图

规划设计图是项目实施之前的必备图纸，是施工的重要依据。

图7-17 园林景观设计

园林景观设计是环境艺术设计中的重要课程，是优化环境的重要手段。

图7-18 建筑设计

建筑是环境艺术设计的载体，通过建筑物、景观小品表达出设计构思。

图7-19 室内设计

室内空间是人们的必备生存空间，对室内环境的改造与设计，是一项必不可少的生活需求设计。

图7-20 公共艺术设计

公共艺术空间是人们休闲娱乐的好去处，公共艺术设计既要符合大众审美，又要满足艺术性要求。

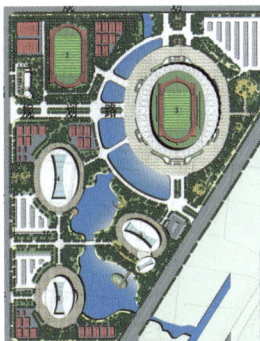

| 图7-16 | 图7-17 | 图7-18 |
| 图7-19 | 图7-20 | |

第二节　装饰材料选用

随着科技进步，人们的生活品质显著提高。目前，一种新的装修趋势——"轻装修，重装饰"以及环保设计理念正在逐步兴起。相较于传统，人们对设计方面的关注已由建筑材料转向装饰材料。在环境艺术设计的领域内，装饰材料具有至关重要的地位，是不可或缺的组成部分。可以说，设计师对装饰材料的了解及其挑选，直接影响了设计作品的品质及环境质量（图7-21）。

图7-21 装饰材料

（a）窗帘　　　　　　　　　　　　（b）墙纸

一、装饰材料的质地分类

装饰材料的质感综合表现为色彩、光泽、形态、纹理、冷暖、粗细、软硬和透明度等诸多因素，从而使材质各具特点，变化无穷。可将其综合归纳为粗糙与光滑、粗犷与细腻、深厚与单薄、坚硬与柔软、透明与不透明等基本特征。

质地一词用于描述物体表面的粗糙或平滑程度，视觉与触觉的双重感知下，装饰材料的质感得以显现。例如，石材的表面粗糙度及木材的纹理特征均可视为质地的一种体现。相较于单纯的视觉印象，质感所带来的感受更为深刻。自然界中，各类装饰性材料层出不穷，包括金属、陶瓷、塑料、木材、石材、玻璃和橡胶等，这些材料各具特色，质地各异，它们所引发的感官体验也不尽相同（表7-1）。

表7-1　　　　　　　　　　　　　　装饰材料的质地与质感

质地与质感分类	材料图	特点
冷与暖		身体接触的冷与暖感受通常取决于触碰材质的冷或暖质感，在材质方面，硬材料通常给人"冷"的感觉，软材料通常给人"暖"的感觉；在色彩方面，暖色调材料通常给人"暖"的感觉，如红色的木地板，冷色调材料恰好与之相反

质地与质感分类	材料图	特点
软与硬		众多纤维制品具有柔软的质感，例如羊毛质地的织物，其柔和的触感能够让人在接触后舒缓身心；棉麻类制品，具有较强的柔韧性和耐用性，适合制作窗帘和布罩
		砖石、金属、玻璃等都是硬材料，其质感光滑，线条刚硬，经久耐用，保养简单，价格较低，防火性能非常好，但通常触感冰冷
光泽与透明度		常见抛光金属、玻璃、石材等经过加工、光泽度好的材料，其光泽表面的反射作用可扩大环境的空间感，活跃环境气氛
		玻璃、丝绸及有机玻璃常为透明或半透明材质，这类材质能够展现出较强的透明性，在视觉上赋予空间一种开放性与轻盈感，能够有效拓展使用者对环境的空间感知，而不透明材料则营造出封闭与私密的空间效果
弹性		弹性材料的反力作用直接影响使用舒适度。相比坐在硬质板凳上，人们更习惯坐在柔软的沙发上；相比睡在硬床板上，人们更喜欢躺在柔软的垫子上。常见弹性材料有竹质、藤质、木质及泡沫塑料等，常用于地面、座面制作
纹理		材料纹理有：水平的、交错的、曲折的自然纹理或人造纹理，善加利用纹理不同的装饰特性能给环境空间带来更多的亮点

二、装饰材料的特性与运用

表面粗糙的装饰材料有石材、粗砖、粗毛织物、未加工的原木等；表面光滑的材料有玻璃、金属、镜面石材、釉面砖、丝绸等。同样是粗糙的质地，不同材料具有不同的质感，如粗布料和凹凸石料背景墙，一个是柔软的粗糙，另一个是坚硬的粗糙（表7-2）。

表7-2　　　　　　　　　　　　　　装饰材料的特性与运用

装饰材料	材料图	特性	运用范围
混凝土		在混凝土表层，通过图案与颜色进行有机组合	材料环保，价格低廉，具备优异的耐火性能，显色性好，质地坚固。通过设计与施工，能模拟出大理石、花岗岩、砖块及木地板等多种天然石材的铺设效果
石材		是指具有可锯切、抛光等加工性能，作为饰面材料的石材，包括天然石材和人造石材两大类	具有美学装饰性，用作建筑石材、装饰石材
陶瓷		陶瓷的装饰性能强，对制品也有保护作用，能够有效地将实用性和艺术性有机地结合起来	陶瓷材质外表光滑，装饰性好，具有一定耐久性，同时也是实用性与艺术性的结合，能够提升视觉吸引力，适合作为室内空间的局部点缀
玻璃		一种硅酸盐类非金属材质，透明度较高，加热至熔融状态时产生连续网络状外表；冷却时黏度持续上升，最终硬化，但不发生结晶现象	用作普通平板玻璃、钢化玻璃、磨砂玻璃、压花玻璃等
壁纸织物		在装饰材料中属于成品材料，又称为软材料，壁纸织物的图案丰富多彩，施工方便快捷，因而在生活中得到广泛的应用	适用于作为墙纸、墙布、地毯、窗帘、挂毯、工艺壁画等

第三节　生产与施工技术

一、材料生产与监理

对于设计师来说，材料是进行设计的基本要素之一，材料的选择和施工监理是保证设计意图得以实现的关键要素。材料的使用总是与不同的功能要求及审美观念相关联，它的选择受到工程造价、类型、价格、产地、厂商、质量，甚至人际关系等多种要素的制约。

总的来说，选择设计材料时，首先应考虑设计理念与环境的整体艺术风格，而不应该盲从于流行元素，否则就失去了环境艺术设计本身的创造性。材料的色彩、图案、质地与肌理也是选择的重点，在实际的项目工程中选择材料时要注意以下几点。

1. 实地选材

实地选材对于设计师而言十分重要，不应过分依赖店面中商家展示的材料样本。商家展示材料样本通常被置于白色或灰色的纸板上，小面积材料在浅色背景的衬托下会呈现出更高的饱和度，但这种视觉呈现与实际空间中大面积使用该材料的效果有一定差异，贸然使用易导致设计方案与实际应用效果之间存在偏差。

2. 辨别天然材料在色彩与纹样上的差异

两块天然材料的色彩与纹理不可能完全相同，这一点在挑选石材时需要格外留意。石材色彩与图案的独特性受到矿床特性的制约。即便是同种石材，其色泽和纹理方面也可能表现出明显差异（图7-22、图7-23）。设计师在选材和现场施工过程中应主动介入，亲自比对天然石材的纹理差异。

二、施工组织与技术

把一系列的工程作业内容进行分解，并把作业量换算为日或小时，一般称为日工程或小时工程。在施工时，一般都将工程按相同工种进行归类与安排。

1. 工程与工种

在施工过程中，由于需要涉及多个专业的施工人员，合理安排与调度显得尤为重要。要顺利地进行施工，设计师就应该把各种矛盾排除在外，充分考虑和安排各工种的衔接及作业。

表示工程进度的方法多种多样，其中包括柱状图表与网络法。柱状图表通过柱状线条表示工程中关键因素的施工进程，简洁明了；网络法反映作业的日程安排及工作量，还能表达出各工程要素之间的作业顺序关系。下面的工作协调图采用工程形式呈现集合住宅内部的装修系统（图7-24、图7-25），图中，地面、隔墙等关键构造部分均由不同专业的厂商负责生产和施工。

图7-22 天然材料

图7-23 人工材料

图7-24 电工进场

电工负责安装装修场地的水电路，一般水电工最先进场，之后才能进行下一步的施工工序。

图7-25 木工进场

木工主要负责现场定制木柜、木门等木工活，通常基础装修基本将要完毕时，木工才进场。

图7-22	图7-23
图7-24	图7-25

2. 工程造价与工时

在内部工程的工时数中，占最大比例的是以木工工程为中心的内部底层工程。木工工程除了柱子、吊顶等的施工以外，还包括板材安装、洞口部位边材、门槛、门框等部位周边工程。而在墙壁及顶棚装修中，线路穿插安装工程量大，因此线路工程所占的工程量也是较多的，所产生的费用也较多。

工程造价主要由材料费用、劳动时间成本以及其他必要支出组成。计算时，因先将工程量转换为人工劳动时间（以日或小时为单位），并乘以单位时间工酬。通过对造价估算书的详尽分析，洞察木结构独立住宅的平均成本分布。结果显示，在各类工种中，木工工程所占的比例最高，约占总成本的40%，在木工成本中，人工成本占据约一半的比例。出现这种状况主要是因为该工种工作量最大，木工不仅负责住宅结构中的木制部分，还包括了各类住宅设备的安装、施工以及室内装修工程的执行，使木工工程在总体成本中的比重进一步提升。

第四节　设计与施工管理

施工监理是项目实施过程中不可缺少的环节，较大的项目通常会聘请专业的施工监理单位。设计师也应在施工阶段亲临现场指导，这样才可能发现一些在制图过程中难以觉察到的问题，使设计方案更具有可操作性，这也是设计师积累实践经验的一个重要途径。

一、设计与施工管理的弊端

1. 没有建立完善的施工组织设计制度

好的施工组织规划体系，对于施工单位的作业指导及行为约束具有重要作用。通过这一体系的规范，施工企业在施工阶段能够实现作业的有序开展，促进工程进度的加快；同时，施工组织规划与管理手段的合理运用，助于缩短建设周期，提高经济效益，有助于减少安全事故发生率，保障施工人员的生命和财产安全。

2. 轻视施工组织设计，设计资料流于形式

部分施工单位不够重视施工组织设计编制工作，导致施工组织设计文件的准确性与可操作性被影响。诸多编制者在实际施工状况未经充分调查的情况下，直接借鉴过往工程的组织设计资料，导致资料缺乏针对性。随着时间的推移，施工组织设计文件逐渐变为应对建设单位及监理单位检查的工具，失去了原本的功能。

二、施工管理的建议与对策

1. 积极引进相关技术和人才，保证工程技术

施工单位领导应深刻认识到管理的重要性，积极采纳先进技术并招募专业人才。尽管完善的制度构成了管理框架的基石，但想要实现管理的全面强化与提升，还需要有效整合人才与技术资源，这对于管理活动的执行至关重要。可运用施工管理软件对施工过程进行科学指导，同时借助现代科技手段构建起智能高效的施工管理体系。

2. 完善安全管理体系

施工企业要想将安全文化的理念深植于企业运营全流程，首先要从意识形态层面强化员工的安全意识，将安全管理理念转化为其职责的一部分。企业应参照国家及行业的安全规范与法律法规，结合具体情况构筑一套符合实际需要的安全生产管理体系。

其次，企业需确立健全的安全生产责任体系，对内部各职能部门及其工作人员在安全管理体系中的职责进行明确界定，使全体员工深刻认识到自身的责任与义务，实现各工作环节的无缝对接和闭环管理。

第五节　注入智能技术

智能技术已经渗透到环境艺术设计的方方面面。环境艺术作为一门融合了自然、人文与艺术的学科，也在不断地与智能技术相结合。智能技术注入环境艺术主要为以下方面。

一、智能照明系统

智能照明系统通过传感器、控制器等设备，实现对灯光的自动调节，使环境更加舒适、美观。例如，在公园、广场等公共场所，智能照明系统可以根据人流量、天气等因素自动调整灯光亮度，既节能又环保（图7-26）。

二、智能绿化系统

智能绿化系统通过物联网技术，实现对绿化植物的生长状态、土壤湿度、光照强度等数据的实时监测。系统可以根据这些数据自动调整灌溉、施肥等操作，确保植物的健康生长。此外，智能绿化系统还可以实现远程监控，方便管理人员对绿化工作进行管理（图7-27）。

三、智能垃圾分类系统

智能垃圾分类系统利用物联网、大数据等技术，实现对垃圾的分类、处理、回收等智能化管理。系统可以根据垃圾种类、数量等信息，自动调整垃圾分类设施，提高垃圾分类效率。此外，智能垃圾分类系统还可以市民提供垃圾分类知识普及，提高环保意识（图7-28）。

图7-26 智能照明系统
在室内步行街顶棚安装智能LED显示屏，根据营业时间与气候时节变化显示屏图像，LED显示图像光源为室内步行街提供照明。

图7-27 智能绿化系统
智能灌溉系统，根据环境温度、湿度、植被特性，将水雾化后灌溉至植被上，同时产生雾化视觉审美效果。

图7-28 智能垃圾分类系统
智能垃圾分类系统运用AI识别技术，计算投入垃圾品种与数量，给投放者发还货币，培养市民良好的垃圾分类习惯。

图7-26 ｜ 图7-27 ｜ 图7-28

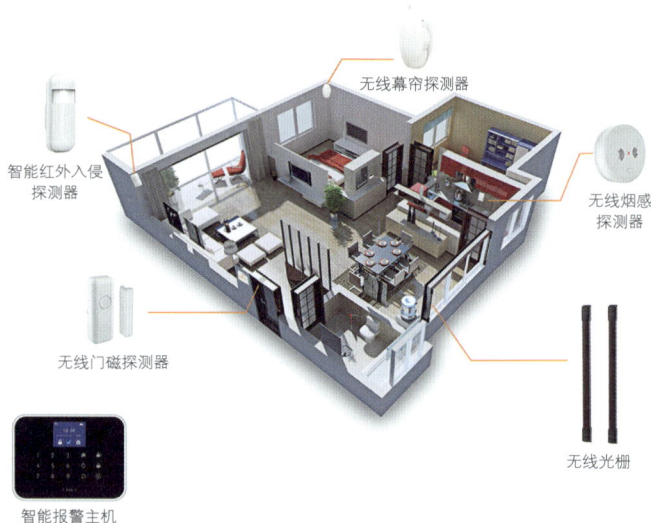

无线幕帘探测器

智能红外入侵探测器

无线烟感探测器

无线门磁探测器

无线光栅

智能报警主机

图7-29 智能家居安防系统

用户可以通过手机App实时查看监控画面，远程控制门锁，确保家庭成员的人身安全。智能家居系统可以实现家庭设备的互联互通，用户可以通过语音助手、手机App等方式，远程控制安防监控设备。

四、智能室内起居系统

智能技术可以实现对室内环境的实时监测和调控，为人们提供更加舒适的居住环境。其中智能空调系统可以实时监测室内温度、湿度和空气质量，自动调节空调运行状态，为用户提供舒适的居住环境。此外，用户还可以通过手机App远程控制空调，实现预调温功能。智能安防系统包括智能门锁、摄像头监控、报警系统等，可以有效保障家庭安全（图7-29）。

第六节　案例解析：室内设计材料分析

一、绿城·安吉桃花源（图7-30）

空间分析

"桃花源"取自东晋诗人陶渊明的《桃花源记》，有室外桃源之意，因此，空间中更多的是为营造一份淡然、无欲、自

窗帘采用典型的中国古典家居的配色效果；灰与白，常用作古代道教仙人的着装配色，在这里，使得空间多了一份圣洁、飘飘然的意味。

蒲团是用蒲草编织成的圆垫，在古代多为僧人坐禅及跪拜时所用，沿袭至今，现作为坐具使用。

地灯全然不若现代的灯具造型，是在现代灯具形式的基础之上，融入古代图案元素，古典中透出一股现代的气息。

从床上的布艺饰品到窗帘、地毯的搭配，无不显示出飘逸、自然的风格。

床榻的"方与圆"造型与地毯上的祥云图案，细节设计令人称奇。

（a）卧室一角

（b）床尾

（c）床

休息室延续了整体设计风格，复古的灯盏透露出田园气息。

建筑采用古代建筑与现代建筑结合的形式。

采用古代最常用的一种回廊形式，且在此基础上进行了改良设计，例如，将传统圆柱改成了方柱。

移步易景，在空间的拐角或其他地方不经意间布置这种形式的小景，也可以是一道形式满满的美景。

（d）休息室

（e）庭院

（f）玄关拐角

图7-30 绿城·安吉桃花源样板间设计

然的"世外"氛围。为求向"桃花源"意境靠拢，空间陈设皆有中国古典家具的意味，仿若仙人在此居住过，一步一景皆有"飘飘然，遗世独立"的悠然意味。

二、北欧风格小公寓（图7-31）

床头的陈设品（装饰画、装饰小摆件）基本上都是黑白元素搭配，恰好与空间中的黑白蓝三种颜色的元素相匹配

装饰小摆件，在点缀空间的同时，也与空间的色彩、环境相呼应、统一，营造出舒适、清新的氛围

在空间材质的运用上，整体呈现出冷硬的视觉效果，空间的层次感丰富，浅色与深色之间过渡自然，最终达到视觉上的秩序美感。

（a）床　　　　　　　　　（b）摆件　　　　　　　　　（c）沙发

图7-31 北欧风格小公寓设计

三、案例总结

掌握土木建筑工程材料及建筑装饰材料的相关知识，如材料性能、属性、尺寸、色彩及装饰效果和成本价格等，才能进行精准选材和合理搭配。在环境艺术设计领域内，优质的生产技术和完善的管理体系，往往能为相关企业创造更高的价值。

本章小结

环境艺术设计是艺术也是科学，其创作设计过程不仅要遵循一般艺术创作的规律，还要运用最新的科学技术手段，严格按照设计程序，才能最终圆满地实现设计目的。在项目的设计与施工管理中，要遵循相应的章程与规定。

课后练习题

（1）人体工程学的发展经历了哪些时期？

（2）人体工程学在设计中有哪些作用？

（3）人在环境空间中表现出了哪些心理行为模式？

（4）人际交往的空间领域分为哪几种？

（5）什么是边缘效应？怎样利用边缘效应打造出适宜的公共空间？结合生活中的公园进行分析。

（6）分组讨论：怎样在环境艺术设计中应用好环境行为心理学？

（7）从环境心理学的角度出发，谈谈如何在公共空间设计中融入社会主义核心价值观思想。

第八章

环境艺术设计案例赏析

识读难度 ★★★★★

重点概念 案例、室内外环境、建筑、情感、赏析

章节导读 当今社会环境问题日益突出，人们对环境质量的要求越来越高。目前，环境艺术设计的目标不再是单一的室内外环境设计，而是综合的生态环境系统。环境艺术设计通过艺术的方式和手段，对建筑内部和外部环境进行规划、设计，设计并不是纯粹的"设计"，而是古典与现代、自然与人类之间的有效组合。本章节通过大量的杰出设计实例（图8-1~图8-4），

图8-1 景观小品设计

将经典的设计作品及作品的思路、理念展现出来，便于参照学习。环境艺术设计与人们的生活息息相关，优秀的设计能够提供丰富的使用功能，优化人们的生活空间。

环境艺术设计案例赏析

- 室内环境设计案例
  - 墙面装饰色彩
  - 家具造型选用
  - 材质质感对比
- 室外环境设计案例
  - 交通流线便捷
  - 主题造型特色
  - 装饰色彩搭配
- 建筑环境设计案例
  - 思政元素融合
  - 旧址改造创新
  - 突出主题思想

第一节　室内环境设计案例

图8-2 清新北欧风室内设计案例分析

电视背景墙打造为白色的矮柜形式，将电视机镶嵌其中，既节省空间、富有特征，又与室内风格保持一致。

墙壁上的森系色调和树状的墙纸让人仿佛走到了森林一般的童话意境。

沙发色调与墙壁壁纸都是冷色调，带有卡通图案的抱枕与整个室内风格一致。

独特的菱形图案壁纸，在粉色与蓝色的渐变效果搭配下，结合皮艺的床头靠垫，显得档次高而又精致。

金属质感的吊灯外形酷似回形针，结合现代风格的床头柜，让清新典雅的房间顿时有了时尚气息。

（a）客厅空间

（b）主卧室空间

在书房中运用绿色系渐变的波浪条纹的墙纸，营造出安静舒适的工作氛围。

设计别具一格，在电脑桌下摆放着一排绿植，能够净化空间，也能装饰空间。

丰富的色彩会刺激儿童对颜色的敏感度。

儿童房采用了圆点样式的墙纸，让整个空间看起来温馨又活泼。

（c）次卧室、工作空间

（d）局部书桌

（e）儿童房空间

多层次的书柜方便摆放各类图书，找起来也很方便。

带有弧度的床沿，在整体暖色调的空间中，很有北欧风的温度。

粉色的飘窗上摆满了玩偶，给孩子一个梦幻的童年。

（f）儿童学习空间

（g）局部儿童床头柜

（h）局部飘窗

第二节　室外环境设计案例

第一道金黄色浮云，象征凤凰，寓意"丹凤朝阳"；第二道银灰色浮云，象征龙，寓意"龙凤呈祥"。

公园南大门为5根红色立柱架托出两道浮云（金黄色、银灰色），正面看为中文字"二十一"，寓意"进入21世纪"。

从远处看，雕塑造型好像一只在爬行的巨型动物；走近看，雕塑每条"腿"上都有爬梯，"身体"部位可以供游客乘坐、滑行。

图8-3 北京朝阳公园设计案例分析

（a）公园南大门

（b）雕塑游乐设施

从建筑外立面可以看出，这是一座恐怖的鬼屋场馆。

场馆入口造型夸张，给人恐惧、血腥的联想，符合场馆"鬼屋"的主题。

低矮的场馆建筑被设计成瓢虫的造型，设计独具新颖，颇为可爱。

（c）鬼屋入口

（d）场馆入口

现代景区内的售货车并不多见，其小车造型独特，鲜艳的色彩无论是在炎热的夏日，或是寒冷的冬日，都充满着朝气。

"细雨蒙蒙"般的水雾喷景，仿若湖面升腾起一片片的白雾，恍如人间仙境。

喷泉造景在公园内随处可见，此处的喷泉设计并没有烦琐的雕像设计，也没有绚丽的喷景。

（e）公园售货车

（f）世纪喷泉广场

建筑设计是集法国、意大利和美国等国家的艺术构思和技术建造而成的，是典型的欧式建筑造型。

秋日里，汉白玉栏杆显得格外的洁白无瑕，有了植物、湖泊的衬托，显得越发"优雅""高贵"。

（g）廊道

（h）白玉栏杆

第三节 建筑环境设计案例

图8-4 中山岐江公园设计案例分析

公园在设计上合理地保留了原始风貌，例如最具代表性的植物、建筑物和生产工具，运用现代设计手法对它们进行了一系列的艺术处理。

中山岐江公园的原场地是中山著名的粤中造船厂厂址。

公园设计追求的是精神与内涵的双重层面，在这一点上，在设计中主要表现在对原场地上的施船坞进行了还原和保留。

（a）草坪

（b）拖船

船坞、骨骼水塔、铁轨、机器、龙门吊等原场地上的标志性物体，记录了船厂曾经的辉煌记忆，将公园打造成有历史回忆的文化型公园。

蓄水池上方搭接钢铁骨架，形成独特的景观造型，工业气息十足，在远处看去显得格外引人注目。

（c）景观装置

（d）船坞

将船舵与铁路结合在一起，组建成一个新的设计创意点。手握船舵看着前方的湖水，仿佛自己在水中开船。

铁轨是工业革命的标志性符号，也是公园空间里的一种重要景观元素。

由于白色柱阵的存在，道路的线性在空间上被加强，也丰富了单一的道路。

（e）船舵装置

（f）轨道

本章小结

环境艺术追求设计的形式美，其核心目的在于优化人们的生活环境，提高人们的生活质量，在满足人们的基本物质生活条件的基础之上，创造良好的精神生活品质。环境艺术设计所提及的人类生活环境，始终围绕着建筑内外来进行，包括室内外环境、建筑环境设计。随着社会的进步，高新技术与新型材料的应用，不断推动着环境艺术设计专业的发展。

课后练习题

（1）在现代设计潮流中，住宅室内空间该如何运用中国传统古典图样元素？

（2）现代公园景观融入思政设计元素后，该如何提升这些设计元素的美感？

（3）分析中国当代建筑造型，思考怎样将其与环境艺术进行融合？

（4）考察一层办公楼室内空间，在保持原有基础使用功能的前提下，重新设计室内主要界面，并注入文化设计元素。

参考文献

[1]（芬）奥瑟·瑙卡利恁. 环境艺术[M]. 武汉：武汉大学出版社，2014.

[2] 张一帆. 环境艺术设计初步[M]. 北京：中国青年出版社，2018.

[3] 张书鸿. 环境艺术设计图学[M]. 北京：机械工业出版社，2012.

[4] 何新闻. 环境艺术设计·材料结构与应用[M]. 北京：中国建筑工业出版社，2010.

[5] 李瑞君. 环境艺术设计十论[M]. 北京：中国电力出版社，2008.

[6] 曹晋，汤洪泉，卞冬仙. 环境设计基础[M]. 江苏：江苏大学出版社，2016.

[7] 谌凤莲. 环境设计心理学[M]. 成都：西南交通大学出版社，2016.

[8] 陈华新. 环境艺术综合设计[M]. 北京：高等教育出版社，2015.

[9] 田树涛，金玲，孙来忠. 人体工程学[M]. 北京：北京大学出版社，2018.

[10] 马菁，郭阳，张云霞. 设计理论与实践研究[M]. 北京：水利水电出版社出版，2016.

[11] 陈根. 环境艺术设计看这本就够了[M]. 北京：化学工业出版社，2017.

[12] 薛娟，王海燕，耿蕾. 中外环境艺术设计史[M]. 北京：中国电力出版社，2013.

[13] 苑军. 中外环境艺术设计简史[M]. 北京：知识产权出版社，2008.

[14] 庄岳，王蔚. 环境艺术简史[M]. 北京：中国建筑工业出版社，2006.

[15] 谷云瑞，中国建筑学会环境艺术专业委员会. 中国环境艺术设计年鉴（第三卷）[M]. 北京：清华
    大学出版社，2017.

[16] 施丽娜，陈静凡. 环境艺术设计表现[M]. 浙江：浙江人民美术出版社，2010.

[17] 李砚祖，李瑞君，张石红. 空间的灵性·环境艺术设计[M]. 北京：中国人民大学出版社，2017.

[18] 鲍诗度. 中国环境艺术设计[M]. 北京：中国建筑工业出版社，2011.

[19] 鲍诗度，冯信群，王亚明. 环境·设计·时尚[M]. 北京：中国建筑工业出版社，2012.

[20] 张向荣. 环境艺术审美文化研究[M]. 北京：中国纺织出版社，2018.

[21] 曹懿. 生态视角下的环境艺术设计[M]. 北京：中国纺织出版社，2018.

[22] 刘雅培. 环境艺术设计概论[M]. 北京：清华大学出版社，2024.

[23] 张宇飞. 环境艺术设计的理论与应用研究[M]. 长春：吉林出版集团股份有限公司，2024.

[24] 曹天彦. 环境艺术设计与美学研究[M]. 北京：文化发展出版社，2024.

[25] 杨吟兵，方凯伦. 形·空间——人居环境空间设计[M]. 北京：中国纺织出版社，2023.